ねずみ算からはじめる 数理モデリング

漸化式でみる生物個体群ダイナミクス

瀬野裕美 [著]

コーディネーター　巌佐　庸

KYORITSU
Smart
Selection

共立スマートセレクション

35

共立出版

まえがき

　本書では，微分方程式の数理モデルは取り扱っていません．ねずみ算から始めて，差分方程式（漸化式）の数理モデルのみを取り扱います．

　生物個体の集合として定義される「個体群」の「大きさ」の時間変動の動態を，個体群ダイナミクス（個体群動態；population dynamics）と呼びます．その数理モデルの研究は，学際分野の1つである数理生物学の基礎として，最も豊かに発展してきました．本書の趣旨は，その数理モデリングの理（ことわり），すなわち，数理モデルの構築や構成・構造の論理の手始めをしたため，読者にその面白さや広がりを感じてもらうことです．特に，様々な生物学的概念を導入しながら，個体群ダイナミクスに関する数理モデルの多角的な展開を論述することにより，読者が数理生物学における数理モデリングの肝に触れ，その意味について考える機会を得る場となるモノグラフを目指しました．

　個体群ダイナミクスの基礎的な数理モデルは，集団生物学（population biology）の諸問題に関する発展的・応用的な数理モデルの基礎のみならず，より広い生物現象に関する様々な数理モデルの基礎となっています．生態学にかかわる問題はもちろんのこと，社会生物学，動物行動学，動物生理学，集団遺伝学，分子遺伝学，細胞遺伝学，細胞生物学，分子生物学，発生学などの生物学の他分野，医学・生理学，数理社会学，都市計画，数理心理学，数理言語学な

どの多様な学問分野における数理モデルの基礎として位置づけることができます。数理生物学は，生物現象をその研究の対象としていながらも，生物学の一分野として生物学に内含されつくされるものではありません。数理生物学では，確率過程，微分方程式，差分方程式，オートマトン，ゲーム，最適制御，ネットワークなどの数理科学の理論を基礎にして構築された数理モデルの数理的解析の結果をもとに，対象とする生物現象に関する科学的問題を考察し，生物現象に潜む「科学的な論点」を明確にしようとします。

そのような数理生物学における一連の研究過程は，概して，次のような段階から構成されます。

1. 生物現象に関する生物学的な問題を設定する。
2. 設定された問題にかかわる要因を現象から選定抽出する。
3. 抽出した要因の特性，それらの間の関連性に関する仮定・仮説を設定する。
4. 設定された仮定・仮説を数理的に表現する。
5. 仮定・仮説の数理的表現を用いた数理モデルを構築する。
6. 段階1で設定した問題を鑑み，数理モデルの数理的構造を考慮に入れた上で，数理モデルの数理的解析の方針や手法を選定する。
7. 数理モデルの数理的解析を行う。
8. 数理モデル解析の結果について，考察しようとする問題への関連性を検討する。
9. 数理モデル解析の結果を統合して，考察しようとする問題に関する生物学的な議論を展開する。

もちろん，研究をこの段階順に進行できることは多くはありません。たとえば，段階5において，数理モデルを構成するために追加

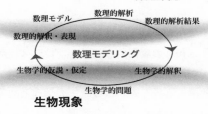

数理科学

数理モデル　数理的解析　数理的解析結果

数理的解釈・表現　数理モデリング　生物学的解釈

生物学的仮説・仮定　生物学的問題

生物現象

の要因が必要であることが判明して段階2に戻ることもあれば，段階8に至って，段階3で設定した仮定や仮説との論理的整合性に問題が生じ，段階4や5を見直すこともあります．これらの段階を行きつ戻りつ研究が先に進むのが一般的です．

　上記の段階に従って合理的に構成された数理モデルの解析により得られた結論が，生物学や医学で得られている研究結果と相容れない内容を含むことがあります．そのような場合，その数理モデル研究を，即，闇に葬るという考え方は全く科学的ではありません．数理モデルが既存の生物学的知見，生物学的仮定に基づいて構築された以上，数理モデル解析によって得られた結論において，現象そのものについての研究結果と相容れない内容が含まれているということは，前提として用いた生物学的知見，生物学的仮定において何らかの問題があるか，数理モデルの構成過程（数理モデリング）に問題があるか，のいずれかの可能性を示していると考えられます．つまり，そのような結果には，むしろ，未明だった生物学的論点を提示できる可能性があります．数理モデリングと数理モデル解析の結果を科学的立場から十分に分析し，生物学的な観点から考察することによって，（数理モデリングに用いた）既存の生物学的な知見や，仮定・仮説における不備や誤りの可能性，数理モデリングに採用されたもの以外の要因が重要な役割を果たしている可能性を理論的に

示唆できるかもしれないのです.

　数理生物学では，数理科学の様々な理論を応用した数理モデルが研究されており，相応の専門的な知識がなければ理解が難しいものも多くありますが，本書で取り扱う数理モデルの数学的構造は単純で，その数学的解析もほとんどは高校・大学理系初年度レベルで済みます.とはいえ，それらの単純な数理モデルこそが多くの研究レベルの数理モデル研究の基礎であり，どのような専門的な知識を必要とする数理モデル研究であっても，本書で述べられるような数理モデリングの理を経ることなしには合理的な研究とはなり得ません.この意味で，本書の内容の本質は，どのような数理生物学研究にも通じています.

　本書全体のほぼ半分を占める第1章と第2章で，ねずみ算に基づく数理モデルを扱いながら，数理モデリングの有り様を読者に経験してもらうことを目処とした基礎的な内容を記述しています.とはいえ，特に，第2章後半で取り上げる内容は，多くの数理生物学関連書でも取り上げられるテーマながら，他書ではあまり扱われていない独特のものになっています.第3-5章では，生物集団の総個体数の時間変動に着目した第1章と第2章から変わって，異なる特性をもつ成員から成る集団におけるその特性の分布に着目する内容になっています.第3章では，感染症の伝染ダイナミクスを取り上げ，ねずみ算モデルの延長上にある数理モデリングによる基礎的な数理モデルを紹介します.この章の内容も多くの数理生物学関連書で取り上げられるテーマについてですが，他書ではあまり扱われていない独特のものになっています.引き続く第4,5章では，ねずみ算モデルの延長上にある数理モデリングの特論ともいえるテーマを

取り上げます．第 4 章では，感染症伝染に類似のダイナミクスとしての個体間の情報伝達を取り上げ，特に，集団における成員の個性の分布に依存した，うわさや流行などの広がりのダイナミクスに関する数理モデリングを扱います．第 3 章までの内容に比べると特論的な色合いが強い内容になりますが，本質的にはねずみ算モデルからの発展の途にあることが読者に伝わると期待しています．第 5 章では，第 3 章，第 4 章で扱った集団内の成員間での感染症や情報の広がりではなく，世代間での情報引継ぎのダイナミクスを取り上げます．いわば，第 3 章，第 4 章では，空間軸における情報伝達，第 5 章では，時間軸における情報伝達の数理モデリングを扱います．

　前記の通り，扱う数理モデルの数学的構造は単純で，その数学的解析もほとんどは高校・大学理系初年度レベルで済みますが，どのような数学がどのように解析に用いられるかについては，本書ではほとんど触れていません（省略しています）ので，数理モデルの解析の内容に関心のある読者には，物足りなく感じられるかもしれません．一方，数理モデリングの論理や，数理モデルの解析結果をどのように扱うかについては，できるだけ丁寧に記述することを心がけました．その結果，主題である数理モデリングの記述だけでも，相当に数学的な内容が現れていますから，本書の内容に数学を感じない読者は皆無ではないでしょうか．ただし，本書の主題はその数学自体ではありません．そのことが読者に伝われば望外です．

　本書による体験が，一人でも多くの読者に数理モデリングの面白さを感じてもらえる機会になることを願っています．

　　令和 3 (2021) 年 3 月　　　　　　　　　　　　　　　　　瀬野裕美

目　次

① 数理モデルとしてのねずみ算

1.1 ねずみ算モデル

ねずみ算は，和算にも現れる個体群ダイナミクスの数理モデルです．吉田光由（1598-1673）が著した算術書『塵劫記』(1627) に初出といわれています．そのモデリングの仮定は，次のようにまとめられます．

- 正月，ある家にねずみの1つがいが現れ，子を12匹産む．
- 生まれた子の性比は 1:1（雄6匹＋雌6匹）である．
- 子ねずみは1ヶ月後には成熟し，親と同じ繁殖力をもつ．
- 生まれた同世代の子の間で「つがい」が必ず形成される．
- 各つがいは，毎月，産仔数12で子を産み，その性比は 1:1 である．
- 1年間＝12ヶ月におけるねずみの死亡はないものとする．

これらの仮定の下で，1年後のこのねずみの家族（すなわち，正月

2

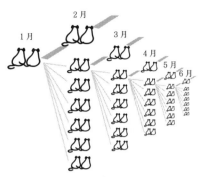

図1.1　1.1節のねずみ算モデルの概念.

に現れた1つがいの親からの家系に属するねずみ達）は総計で何匹
になるか，というのが問題です．

> ここでは近親交配のみが起こることになります．近親交配は，有害
> な劣性遺伝子が子孫に受け継がれていく確率が高くなるので，遺伝
> 的には不利と考えられますが，つがい形成の確率については有利性
> もあります．実際，多くの動植物の生態において，近親交配が認め
> られ，進化生物学的に研究されています．また，人間の歴史におい
> ても，近親交配が社会的・文化的な意味をもって採用された例もあ
> ります．野生のねずみについては，近親交配を避けるような生態を
> 有していると考えられますが，人間社会で共存するねずみやゴキブ
> リなどの動物では，近親交配もあると考えられています．

上記の仮定の下でのつがい数の月変動を考えてみると，2月に
は，最初の1つがいとそのつがいから生まれた $12/2 = 6$ つがいの
計7つがいが子を産みますから，次の世代の子 $12 \times 7 = 84$ 匹が現
れ，新たな $84/2 = 42$ つがいが形成されることになります．そして
3月には，$7 + 42 = 49$ つがいが子を産むことになります．このよう
に繰り返して計算していけば答えは導けますが，ここでは，この過
程の繰り返しを数式を用いて表すことにより，**数理モデル**を構築す

ることにしましょう.

　n 月（$n = 1, 2, \ldots, 12$）に子を産む「つがい」の数を c_n と表すことにします. すると, n 月に生まれる子の総数は $12c_n$, 新たに形成されるつがいの数は $12c_n/2 = 6c_n$ と表すことができます. したがって, 次の $n+1$ 月におけるつがいの数 c_{n+1} は, 等式 $c_{n+1} = c_n + 6c_n = 7c_n$ を満たすことになります. これは, 高校数学で学ぶ, 公比 7 の等比数列を与える漸化式[1]です. この漸化式の一般項は, $c_n = c_1 \times 7^{n-1}$ と表され, 仮定により, $c_1 = 1$ でしたから, $c_{12} = 7^{11}$ です. そして, 12 月には, 7^{11} つがいがそれぞれ 12 匹の子を産みますから, 結局, このねずみの家族は, 1 年後には, $2 \times 7^{11} + 12 \times 7^{11} = 2 \times 7^{12} = 27,682,574,402$ 匹になります.

　このように, 生物個体数の時系列が, ある正の実数 a と時間ステップを表す非負の整数 n を用いたべき数 a^n に比例する変動とみなされ得るとき, この生物個体数の変動を「**幾何級数的な**成長」と呼びます.

　　結果として得られた 276 億を超えるねずみの数に, この数理モデルは非現実的と一笑に付して済ますことができるでしょうか? そもそも, 現実に近い/遠いという見方が狭視眼的といえます. 数理モデルを構築するための数理モデリングには仮定が必要です. その仮定が現実から抽出されたものであったとしても, 選定された仮定のみを

---

[1] 数列や漸化式の基本事項については, たとえば, 東京出版編集部（編）『数列の集中講義（教科書 Next）』東京出版 (2010) や, 宇野勝博『なるほど高校数学 数列の物語──なっとくして, ほんとうに理解できる（ブルーバックス）』講談社 (2011) を, 漸化式の解法については, たとえば, 朝香豊『気持ちよくわかる数列』ベレ出版 (2007) を参照してください. 数列や漸化式についての, さらに進んだ内容への入門としては, たとえば, 久保季夫『数列（モノグラフ 14）』科学振興新社 (1998), より発展的な話題については, 瀬山士郎『読む数学 数列の不思議（角川ソフィア文庫）』角川学芸出版 (2014) があります.

用いる数理モデリングによって構築された数理モデルは，現実と同一視されるべきではありません．数理モデルは，必然的に，現実に対する対照のための理論的な思考実験と位置づけられるべきものです．上の結果ではたしかに莫大な数が導かれましたが，これは，前出のような仮定の下での繁殖が，想像を超えるほどの急速な個体数の増加を生じさせる可能性を明示しているのです．そして，ねずみが害獣として一般家屋に日常的に生息している環境を考えるならば，この結果が何を意味しているかについて次に考えるべきでしょう．

1.2　未成熟期間の導入

　前節のねずみ算モデルのモデリングでは，生まれた子は 1 ヶ月で成熟できると仮定されていました．この仮定が変わると，どのように数理モデルの構造に反映されるでしょうか．

■未成熟期間 2 ヶ月の場合　繁殖が可能な状態に至る期間長，すなわち，成熟にかかる期間長を 2 ヶ月と仮定してみます[2)]．ただし，正月に現れた最初の 1 つがいのねずみは，繁殖可能な成熟したつがいであったとします．

　前節のねずみ算モデルについての議論と同様に，つがいの数の月変動を考えてみます．2 月には，最初の 1 つがいとそのつがいから生まれた 12 匹の子がいますが，これらの子は未成熟であり，繁殖はできません．つまり，2 月に繁殖可能なのは親 1 つがいだけです．仮定により，親 1 つがいは，2 月にも繁殖活動を行い，新たに 12 匹の子を産みます．3 月には，1 月に生まれた子らが成熟し，6 つがいを形成するので，親つがいと合わせて合計 7 つがいが繁殖できることになります．よって，3 月には，$12 \times 7 = 84$ 匹の新たな子

[2)] 実際のイエネズミ（たとえば，ドブネズミ，クマネズミ，ハツカネズミ）については，成熟に 2-3 ヶ月かかり，メスあたり産仔数は 5-10 匹といわれています．もちろん，環境条件に強く依存しますが．

が生まれます．さて，前節のねずみ算モデルと似てはいますが，どのように違うかをより明確にするために，やはり，数式を用いることにしましょう．

n 月（$n = 1, 2, \ldots, 12$）に子を産む（成熟した 2 個体が成す）つがいの数を c_n と表すことは前節と同様ですが，これに加えて，n 月に生まれた子の数を r_n と表すことにします．よって，$r_n = 12c_n$ です．そして，$n+1$ 月のつがいの数は，n 月のつがいの数に加えて，2 ヶ月前に生まれた子，すなわち，$n-1$ 月に生まれた r_{n-1} 匹の子が成熟して，形成する $r_{n-1}/2$ つがいが加わるので，等式

$$c_{n+1} = c_n + \frac{r_{n-1}}{2}$$

が成り立ちます．したがって，前記の関係式 $r_n = 12c_n$ を使えば，つがいの数についての漸化式として，

$$c_{n+1} = c_n + 6c_{n-1} \tag{1.1}$$

が得られます．ただし，この式は，3 月以降，すなわち，$n \geqq 2$ に対してのみ適用できることに注意してください．

この 2 階の漸化式の特性方程式が $\lambda^2 - \lambda - 6 = (\lambda + 2)(\lambda - 3) = 0$ であることにより，この漸化式を，$c_{n+1} + 2c_n = 3(c_n + 2c_{n-1})$，または，$c_{n+1} - 3c_n = -2(c_n - 3c_{n-1})$ と変形できることがわかるので，$c_1 = 1$，$c_2 = 1$ であることを用いれば，一般項

$$c_n = \frac{3^n - (-2)^n}{5}$$

を導くことができます．

11 月のつがいの数は $c_{11} = (3^{11} + 2^{11})/5 = 35,839$，12 月のつがいの数は，$c_{12} = (3^{12} - 2^{12})/5 = 105,469$ となりますから，12 月におけるねずみの家族は，つがいを成している成熟ねずみの数に，11

月に生まれた未成熟のねずみの数と，12月に生まれたねずみの数を足すことによって，$2 \times c_{12} + 12 \times c_{11} + 12 \times c_{12} = 1,906,634$ 匹となります．先のねずみ算モデルによる結果の約 0.007% ほどです．成熟速度の繁殖への影響がいかに強いものかがわかります．

■未成熟期間 3 ヶ月の場合　では，成熟に 3 ヶ月かかる場合には，どのようなねずみ算モデルになるのでしょうか．漸化式 (1.1) を導出した考え方と同様に考えればよく，n 月において子を産むつがいの数 c_n に関する次の漸化式を導くことは難しくありません．

$$c_{n+1} = c_n + 6c_{n-2} \qquad (1.2)$$

ただし，この漸化式 (1.2) が適用されるのは $n \geqq 3$ に対してです．この漸化式 (1.2) と，$c_1 = c_2 = c_3 = 1$ となることから，この場合の数列 $\{c_n\}$ が $\{1, 1, 1, 7, 13, 19, 61, 139, 253, 619, 1453, 2971\}$ となることがわかります．したがって，この場合の，12月におけるねずみの家族は，つがいを成している成熟したねずみの数に，10月，11月に生まれた未成熟のねずみの数と，12月に生まれたねずみの数を足すことによって得られ，$2 \times c_{12} + 12 \times c_{10} + 12 \times c_{11} + 12 \times c_{12} = 66,458$ 匹となります．この数は，前項で考えた未成熟期間 2 ヶ月の場合の約 3.5% です．やはり，繁殖に対する成熟速度の影響がいかに強いものかがわかります．

> 漸化式 (1.2) の一般項を導く方法はいくつかありますが，特性方程式 $\lambda^3 - \lambda^2 - 6 = 0$ が単純な形でない実数解 1 つと虚数解 2 つをもちますし，いずれの方法であっても，計算結果は煩雑にならざるを得ません．たとえば，形式的ですが，次の一般項の表式を与えることができます．
>
> $$c_n = b_1 \lambda_{\mathrm{r}}^n + \left(\frac{6}{\lambda_{\mathrm{r}}} \right)^{n/2} (b_2 \cos n\theta + b_3 \sin n\theta) \qquad (n \geqq 3)$$

ります.

　$n+1$ 番目の繁殖期の直前に生き残っている個体は, n 番目の繁殖期に生まれて成熟に至った個体と, n 番目の繁殖期で繁殖を行った成熟個体のうち $n+1$ 番目の繁殖期まで生き残った個体に二分できます. n 番目の繁殖期におけるつがいの数は c_n なので, n 番目の繁殖期における成熟個体の数は $2c_n$ です. このうち, $n+1$ 番目の繁殖期まで生き残った個体数を $\sigma_A \cdot 2c_n$ で表すことにします. σ_A を非繁殖期における成熟個体の生存確率とし, 未成熟個体の生存確率を σ_J として, 異なる生存確率を考えておきます. すると, n 番目の繁殖期に生まれた個体数は mc_n で与えられるので, 次の繁殖期までに成熟するという仮定により, $n+1$ 番目の繁殖期まで生き残って成熟できる個体数は, $\sigma_J mc_n$ で表されます. よって, これらの和, $2\sigma_A c_n + \sigma_J mc_n$ が $n+1$ 番目の繁殖期の直前に生き残っている個体数となりますから, 結果として, 次の漸化式が得られます.

$$c_{n+1} = \frac{1}{2}\left[2\sigma_A c_n + \sigma_J mc_n\right] = \left(\sigma_A + \frac{\sigma_J m}{2}\right)c_n$$

したがって, 前の数理モデルと同様に考えれば, $\sigma_A + \sigma_J m/2 < 1$ ならば, 集団は絶滅に向かいます.

　実は, 今考えている数理モデルにおいて, $\sigma_A = 0$ とすれば, 前の数理モデルに等しくなります. すなわち, 新たに仮定が加えられたものの, この数理モデルは, 前の数理モデルを内含する, 一般化されたものと考えることができます.

　この節の最後に, この数理モデルにおける集団の平均寿命について考えます. 前の数理モデルと同様, 成熟できずに死亡した個体の寿命は 0 とすることにします. ある個体が生まれてから k 回の繁殖期を経て死亡する確率は,

$$(1 - \sigma_A)\sigma_A^{k-1}\sigma_J \qquad (k \geq 1)$$

で与えられます．そのような個体の寿命を k とすれば，平均寿命は，期待値として，次のように得られます[9]．

$$\sum_{k=1}^{\infty} k(1 - \sigma_A)\sigma_A^{k-1}\sigma_J = \frac{\sigma_J}{1 - \sigma_A}$$

1.6　性差の導入

　前節まで，雌と雄の間の生死に関する差はないという仮定の下での数理モデリングを考えてきましたが，多くの生物において，これは近似的にも当てはまり難い仮定です．出生性比も実効性比も 1：1 から明らかにずれるような生態をもつ動植物が多く知られています．生物学では，それらの偏った性比は，進化の過程の中で，より子孫を残しやすい進化的戦略として定着したものとして理解します．本書では，進化生物学の立場での数理モデルの話題は主題ではありませんので，まずは，その方面へは踏み込まないで[10]，それらの性比の偏りを導入した個体群ダイナミクスの数理モデルについての考えを進めましょう．

■生態学的な仮定の追加　性比に偏りがある場合を含めて考えるためには，これまでのモデリングにおける「つがい」の形成に追加の

---

[9] この計算は，高校数学で学ぶ数列の和の計算方法でできます．

[10] 踏み込んでみたい読者は，たとえば，酒井聡樹ほか『生き物の進化ゲーム——進化生態学最前線：生物の不思議を解く［大改訂版］』共立出版 (2012)，山内淳『進化生態学入門——数式で見る生物進化』共立出版 (2012)，日本数理生物学会（編）『「行動・進化」の数理生物学（シリーズ 数理生物学要論 3)』共立出版 (2010)，巌佐庸『生命の数理』共立出版 (2008)，巌佐庸『生物の適応戦略——ソシオバイオロジー的視点からの数理生物学』サイエンス社 (1981) などを覗いてみてください．

仮定が必要になります．雌と雄の数が一致しないからです．前節で
与えた，つがいの解消と形成に関する仮定に，さらに，次の仮定を
付加することにします．

- 成熟個体の間で可能な最大数のつがいが形成される．

前出の仮定により，つがい形成は繁殖期の直前に行われますが，こ
の追加の仮定により，その際，雌より雄の個体数が多い場合には，
雌の個体数分のつがいが形成されるということになります．

　話が必要以上に複雑になりすぎることは避けることにして，次の
仮定も追加します．

- 各非繁殖期における成熟個体の生存確率は，その直前の繁殖
  期のつがい形成の有無にかかわらない．
- 未成熟個体の生存確率は，性によらずに等しい．

そして，成熟雌と成熟雄の生存確率を，それぞれ，σ_F, σ_M とし，
出生性比を $\omega : 1 - \omega$ とします．ここで，ω は，生まれる子におけ
る雌比を表します．$\omega > 1/2$ なら，生まれる子には雄より雌が多い
ことを意味します．

■**数理モデリング**　さて，数理モデリングのステップを合理的に進
めるために，n 番目の繁殖期の成熟雌と成熟雄の個体数を F_n, M_n
と表しておくことにします．一方，これまでと同様，n 番目の繁殖
期におけるつがい数は c_n で表しますから，n 番目の繁殖期に生まれ
た子の総数は $m c_n$ となり，上で与えた出生性比により，そのうち，
雌が $\omega m c_n$，雄が $(1 - \omega) m c_n$ で与えられます．

　一般に，n 番目の繁殖期における成熟個体の総数は，$2 c_n$ より大
きいことに注意します．つまり，$F_n + M_n \geqq 2 c_n$ が成り立ちます．

して「生きている状態」を維持できる最大期間長を意味します.

> 生物体が「生きている」ためには,恒常性維持(ホメオスタシス)が必要であり,そのために,体内の細胞による活動が継続される必要があります.生物体を形作る細胞には,動物における血液細胞や皮膚細胞のように,使い捨ての役割を担うものが少なからずあり,細胞の更新が必要です.その更新は,細胞分裂によって担われますが,細胞には分裂できる回数の上限を決める仕組みをもつものがあることが生物学で示されています.分裂によって新しい細胞を産生する細胞(幹細胞)がそのような細胞である場合には,その分裂回数の上限が,生理的寿命を決める重要な要素であることは疑うべくもありません.人を含む哺乳類の血液細胞の更新を担う骨髄細胞もそのような細胞であることが知られています.また,癌化した細胞では,HeLa(ヒーラ)細胞のように,元の正常細胞がもっていた分裂回数の上限を決める仕組みが壊れているものもあります.

　前節までのモデリングにおいては,生理的寿命のみが導入されていたとみなすことができます.本節では,前節までのモデリングに引き続いて,生態的寿命を定める生存確率をモデリングに導入しよう,というわけです.前記の通り,これは,死亡確率の導入と同等です.ここで扱うのは,死亡の結果による個体数の減少であって,死亡の原因は問いません.

■生態学的な仮定　さて,モデリングの仮定に生存確率を導入するにあたり,古典的なねずみ算モデルの数理モデリングを少しだけ一般化し,かつ,生態学的な設定を加えることにします.

　まず,上図のように,季節は,繁殖期とそれ以外の期間の繰り返しによって表されるものとしましょう.「それ以外の期間」とは,

16

引き続く繁殖期の間の季節を指し，以下，非繁殖期と呼ぶことにします．繁殖期と非繁殖期の1組がこの生物集団の繁殖についての単位期間を定義します．前節までのねずみ算モデルでは，単位期間は1ヶ月でしたが，自然界の多くの生物集団については，1年です．

本節で扱う数理モデリングのために，改めて，以下の仮定をおきます．

- 繁殖期に成熟つがいあたり m 個体の子を産む．
- 生まれた子の性比（**出生性比**）は1:1である．
- 生まれた子は，次の繁殖期までに成熟し，親と同じ繁殖力をもつ．
- つがいは，繁殖期の直前に形成される．
- 繁殖期における成熟つがいは，次の繁殖期までに死亡する．
- 繁殖期における死亡は無視する．
- 非繁殖期における死亡確率は，時間や性によらない定数である．
- 死亡確率や繁殖力は，集団を成す個体数に依存しない．

死亡確率の導入に伴う追加の仮定以外は，前節までのねずみ算モデルについての仮定とほぼ同等ですが，特に，繁殖期と非繁殖期の季節が導入されたことに注意してください．成熟期間と成熟つがいの死亡についての仮定から，ここで考えている生物では，生理的寿命として単位期間（＝ 非繁殖期 ＋ 繁殖期）が設定されていることになります．また，繁殖期における死亡を無視する（繁殖期における死亡はないものとみなす）仮定により，死亡確率が影響を及ぼすのは，未成熟な個体に限るとしていると考えても構いません．

なお，上記の最後の仮定は，集団を成す個体数が相当に大きくなったときの，食糧不足や環境劣化による死亡率の増加，繁殖力の低

下を無視する理想化ともいえる仮定です．この仮定を変更した数理モデルについては，後の節で改めて扱います．

■数理モデリング　では，数理モデリングに入ることにしましょう．$\sigma\,(0 < \sigma \leqq 1)$ を非繁殖期における個体あたりの生存確率とします．よって，$1 - \sigma$ が非繁殖期における死亡確率です．$\sigma = 1$ とすると，元のねずみ算モデルになります．n 番目の季節[8]の繁殖期における成熟つがいの数を c_n で表せば，上記の仮定により，この繁殖期に生まれる子の数は，mc_n で与えられます．そして，これらの子のうち，非繁殖期における成熟期間を経て，次の繁殖期までに生き残る数（＝期待数）が σmc_n であり，出生性比 1：1 の仮定により，これらの子が成熟して成す成熟つがいの数が $\sigma mc_n/2$ となります．これらの子を生んだ親たちは，仮定により死滅していますから，結局，$n+1$ 番目の季節の繁殖期における成熟つがいとは，これらの子によるつがいのみです．したがって，次の漸化式をここで考えているねずみ算モデルとして導くことができます．

$$c_{n+1} = \frac{\sigma mc_n}{2} \qquad (n = 1, 2, \cdots) \qquad (1.7)$$

よって，

$$c_n = \left(\frac{\sigma m}{2}\right)^{n-1} c_1 \qquad (n = 1, 2, \cdots)$$

が一般項となりますから，$\sigma m/2 < 1$ ならば，n が大きくなるにつれて c_n はゼロに近づき，この集団は絶滅に向かうことになります．

　　　成熟した 1 雌あたりに生ずる次世代の成熟雌数を**純増殖率**（純繁殖率，純再生産率）と呼びます．上述の数理モデルにおける $\sigma m/2$ は，この純増殖率を意味します．条件 $\sigma m/2 < 1$ は，1 つがいが生み出す

---

[8]　どの季節を初めとするかは重要ではありません．

次世代つがいの期待数が1より小さい，あるいは，成熟雌1個体が生み出す成熟雌の期待数が1より小さいという意味なので，この条件が満たされ続ければ，集団が絶滅に向かうことは当然の帰結といえます．

なお，純増殖率に対して，死亡を考慮しないときの1雌が生涯に産出すると期待される平均雌数を**総増殖率**（総再生産率）と呼びます．定義から，純増殖率には，雌個体の死亡も考慮されているため，総増殖率が純増殖率の上限を意味します．上述の数理モデルについては，$m/2$ が総増殖率にあたります．

■平均寿命 ところで，この数理モデルによる集団における平均寿命は，どのように定められるでしょうか．単位期間長を1とします．成熟できた個体については，仮定により，繁殖後に死亡するので，寿命は1だったと考えます．一方，生まれたものの，成熟する前の非繁殖期に死亡する確率が $1 - \sigma$ でした．ここでは，非繁殖期におけるいつ死亡するかの情報がありませんから，成熟前に死亡した個体の寿命を定めることができません．単純化して，成熟する前に死亡した個体の寿命を0と（同一視）すれば，ある繁殖期に生まれた m 個体のうち，成熟できる期待数が σm，成熟前に死亡する期待数が $(1 - \sigma)m$ であることから，平均寿命は，$\{1 \times \sigma m + 0 \times (1 - \sigma)m\}/m = \sigma$ となります．これが，この数理モデルにおける集団についての生態的寿命の意味をもちます．

■世代重複型繁殖 次に，上記の生理的寿命の仮定を外した数理モデリングを考えてみましょう．つまり，仮定「繁殖期における成熟つがいは，次の繁殖期までに死亡する」を削除します．個体は，非繁殖期における死亡にのみさらされます．ということは，繁殖を行った成熟個体の中に，引き続き非繁殖期を生き延びるものがいることになります．前の数理モデルにおける仮定では，生まれた個体

ここで，$\lambda_r = (\alpha^2 + \alpha + 1)/(3\alpha) \approx 2.21878$，$\alpha = (82 - 9\sqrt{83})^{1/3} \approx 0.182694$，$\tan\theta = -\sqrt{3}(1+\alpha)/(1-\alpha)$ $(\pi/2 < \theta \approx \pi - 1.19117 < \pi)$ であり，係数 b_1，b_2，b_3 は，$c_4 = 7$，$c_5 = 13$，$c_6 = 19$ から定まり，α を用いて表されます．$\sqrt{6/\lambda_r} \approx 1.64444 < \lambda_r$ なので，十分に大きな n においては，右辺第 1 項が主要項になります．

1.3 フィボナッチ数列

前節で考えた未成熟期間 2 ヶ月の仮定の下でのねずみ算モデルでは，つがいあたりの産仔数を 12 としていましたが，これを仮定が破綻しない最小数 2（＝雄 1 匹＋雌 1 匹）と変更した場合について考えてみましょう．

この場合，n 月におけるつがいの数 c_n が満たす漸化式は，(1.1) の代わりに，

$$c_{n+1} = c_n + c_{n-1} \tag{1.3}$$

となります．これは，$\{c_n\}$ が**フィボナッチ数列**と呼ばれる有名な数列になることを示しています．モデリングの仮定により，$c_1 = 1$，

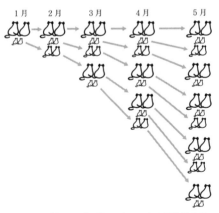

図 1.2　1.3 節のねずみ算モデルによる個体数変動．

$c_2 = 1$ ですから，この数理モデルが生成する数列は，$\{1, 1, 2, 3, 5,$
$8, 13, 21, 34, 55, 89, 144\}$ となります．

　フィボナッチ数列は，Leonardo Fibonacci[3] (1170 頃-1240 頃) に
よる著書 *Liber abaci* (1202) の中の 1 つの演習問題として，本節で
考えてきたねずみ算と同等な仮定の下，うさぎのつがいによる繁殖
の話として取り上げられたものです．そして，漸化式 (1.3) の一般
項は，数学・物理学者 Daniel Bernoulli (1700–1782) によって 1728
年に示されました．

$$c_n = \frac{1}{\sqrt{5}}\left[\frac{1+\sqrt{5}}{2}\right]^n - \frac{1}{\sqrt{5}}\left[\frac{1-\sqrt{5}}{2}\right]^n \qquad (1.4)$$

漸化式 (1.3) の特性方程式 $\lambda^2 - \lambda - 1 = 0$ の解を用いれば，この一般
項 (1.4) を導出することは難しくありません．この場合には，12 月
に，ねずみ（または，うさぎ）の家族は，$2 \times 144 + 2 \times 89 + 2 \times 144 = $
754 匹になります．

> 　フィボナッチ数列は，自然界にも観測できる例が多く，科学者の関
> 心を引いてきました．たとえば，パイナップル，まつぼっくりやひ
> まわりなどの種子の配置，茎一回りあたりの葉序や枝序における葉や
> 枝の数はその例として有名です[4]．また，上の一般項 (1.4) からもわ
> かるのですが，極限 $n \to \infty$ において $c_{n+1}/c_n \to (1+\sqrt{5})/2 \approx 1.61803$
> となります．この $(1+\sqrt{5})/2$ がいわゆる「黄金比 (golden ratio)」と
> 呼ばれているもので，建築や美術において意図的あるいは結果的に
> 現れることが多く，このことに関連して，人工物の中にフィボナッ
> チ数列が観察できる例もあります．

---

[3] 本名は Leonardo da Pisa. Fibonacci は名前でなく愛称でしたが，19 世紀の数学
史家による誤った記述がそのまま用いられるようになったといわれています．

[4] このような自然に現れるフィボナッチ数列や黄金比については，たとえば，佐藤修
一『自然にひそむ数学——自然と数学の不思議な関係（ブルーバックス）』講談社
(1998)，フィリップ・ボール『かたち（ハヤカワ ノンフィクション文庫）』（林大
訳）早川書房 (2016) を参照してみてください．

なお，一般項 (1.4) は，

$$c_n = \frac{1}{\sqrt{5}} \left[\frac{1+\sqrt{5}}{2} \right]^n \left(1 - \left[\frac{1-\sqrt{5}}{1+\sqrt{5}} \right]^n \right)$$

と書き直すことができて，$|(1-\sqrt{5})/(1+\sqrt{5})| < 1$ なので，n が十分に大きくなれば，

$$c_n \approx \frac{1}{\sqrt{5}} \left[\frac{1+\sqrt{5}}{2} \right]^n$$

であり，数列 $\{c_n\}$ は，幾何級数的な増加で近似されます．

1.4 寿命の導入

本節では，ねずみ算モデルに寿命を導入して，その効果を考えてみます．元のねずみ算モデルでは，1年間におけるねずみの死亡はないと仮定されていましたが，さらに長い期間についてねずみ算モデルを考えようとすると，当然，死亡は無視できません．

成熟にかかる未成熟期間を，再び，（元の仮定通り）1ヶ月とします．したがって，ある月に生まれた子は翌月には繁殖可能になります．まずは，最も単純な場合のみ考えてみることにして，寿命を2ヶ月とします[5]．つまり，誕生後1ヶ月経過して成熟した後は，つがいあたり12匹の子を産み，2ヶ月目で2回目の子を同様に産み，その後，死亡するとします．また，ある家に現れた最初の1つがいのねずみは，誕生後1ヶ月目であったとします．

毎月，誕生後1ヶ月目の初産を行うつがいと，寿命の尽きる2ヶ月目で2回目の子を産むつがいがいます．毎月の成熟したつがいがこれら2つの齢グループから成ることに注意します．n 月における

---

[5] 実際のイエネズミの寿命は，1-3年といわれています．もちろん，環境条件に強く依存します．何らかの駆除策（ネコなど？）がとられていれば，「平均」寿命はもっと短くなると考えるべきです．この点に関しては次節で取り上げます．

前者のつがいの数を x_n, 後者のつがいの数を y_n, 同月に生まれた子の数を r_n と表すとき, 仮定により, 順番に計算してみると, これらは次の表のように変動します.

n	1	2	3	4	5	6	7
x_n	1	6	42	288	1,980	13,608	93,528
y_n	0	1	6	42	288	1,980	13,608
r_n	12	84	576	3,960	27,216	187,056	1,285,632
a_n	14	96	660	4,536	31,176	214,272	1,472,688

8	9	10	11	12
642,816	4,418,064	30,365,280	208,700,064	1,434,392,064
93,528	642,816	4,418,064	30,365,280	208,700,064
8,836,128	60,730,560	417,400,128	2,868,784,128	19,717,105,536
10,121,760	69,566,688	478,130,688	3,286,184,256	22,585,889,664

ここで, a_n は, n 月の終わりにおける毎月の家族の総匹数を表します. 2ヶ月目の親は子を産んだら死亡するので, $a_n = 2x_n + r_n$ です. 12月には, 226億匹近くの家族になっていることがわかります. 寿命 (=死亡) を考えない元のねずみ算モデルの結果として得られた276億超と比べれば小さいとはいえ, 未成熟期間長を考えた前節の結果と比べると相当に大きな値です. この結果は, ねずみ算モデルに対する寿命の効果は, 未成熟期間の効果に比べると相当に弱いことを示唆していますが, 実は, つがいあたりの産仔数が12と大きいことが原因であると, 後述の議論でわかります.

仮定により, $x_{n+1} = r_n/2$, $y_{n+1} = x_n$, $r_n = 12(x_n + y_n)$ が成り立ちます. 前節までの数理モデルと比較するために, n 月で子を産むつがいの数を c_n とすると, $c_n = x_n + y_n$ ですから, これらの関係式により, 次の漸化式を導くことができます.

$$c_{n+1} = 6(c_n + c_{n-1}) \tag{1.5}$$

そして，$c_1 = 1$，$c_2 = 7$ から，この漸化式の一般項を次の表式のように得ることができます．

$$c_n = \frac{5 + \sqrt{15}}{60}\left(3 + \sqrt{15}\right)^n + \frac{5 - \sqrt{15}}{60}\left(3 - \sqrt{15}\right)^n$$

さらに，前出の関係式から得られる $a_n = r_{n-1} + r_n = 12(c_{n-1} + c_n)$ から，次の毎月の家族の総匹数の一般項を導くこともできます（$n \geq 2$）．

$$a_n = \frac{15 + 4\sqrt{15}}{15}\left(3 + \sqrt{15}\right)^n + \frac{15 - 4\sqrt{15}}{15}\left(3 - \sqrt{15}\right)^n$$

　漸化式 (1.5) がフィボナッチ数列の漸化式 (1.3) と数学的に同類であることはみてとれます．実は，ここまでのつがいあたりの産仔数 12 という仮定を産仔数 2（前節で述べたフィボナッチ数列が現れる場合と同じ仮定）に変更した場合，ここで考えている寿命 2 ヶ月の数理モデルを表す c_n の満たす漸化式として，(1.5) に代わり，再び (1.3) が導かれ，数列はフィボナッチ数列となります（図 1.3）．ただし，前節の場合には，$c_1 = c_2 = 1$ でしたが，今考えている場合には，$c_1 = 1$，$c_2 = 2$ なので，数列 $\{c_n\}$ は $\{1, 2, 3, 5, 8, 13, 21, 34, 55, 89, 144, 233\}$ となり，$a_{12} = 2 \times (233 + 144) = 754$ です．一般項も (1.4) とは異なる表式となります．

　　本節で考えてきた寿命を導入したねずみ算モデルでは，家族の中の齢分布，すなわち，生まれたばかりのねずみ（月齢で 0 歳），生まれて 1 ヶ月後に初めて繁殖をするねずみ（1 歳），2 回目の繁殖をして死亡するねずみ（2 歳）の個体数の分布を考える必要がありました．死亡が導入されたことによって，家族から消失する個体数を計算しなければならなくなるからです．家族における齢分布がどのように変動するかが，家族の大きさの変動の性質を決めています．上記の議

12

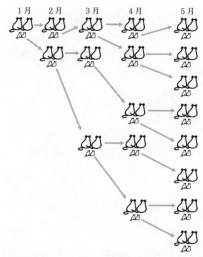

1月　2月　3月　4月　5月

図 1.3　1.4節のねずみ算モデルにおいて，寿命2ヶ月，つがいあたりの産仔数2の場合の個体数変動.

論では，関係式を用いて，c_n に関する漸化式を導く方針を述べましたが，以下のように，ベクトルと行列を用いて，この齢分布を直接扱うこともできます[6].

n 月について，0歳の（n 月に生まれた）ねずみの数を r_n，1歳の（生まれて1ヶ月後に初めて繁殖をする）ねずみの数を x_n，2歳の（2回目の繁殖をして死亡する）ねずみの数を y_n とすることは，上記の議論と同様です．n 月における齢分布を次の縦ベクトル f_n によって表すことができます．

---

[6]　ここで現れるベクトルや行列に関する知識は，大学教養レベルの線形代数学で学ぶ基礎的内容です．多くの教科書が出版されており，たとえば，石村園子『大学新入生のための線形代数入門』共立出版 (2014)，小寺平治『テキスト線形代数』共立出版 (2002)，白岩謙一『基礎課程 線形代数入門（サイエンスライブラリ 現代数学への入門 1)』サイエンス社 (1976) を挙げておきます．

$$\boldsymbol{f}_n := \left(\begin{array}{c} x_n \\ y_n \end{array}\right)$$

0 歳のねずみの数 r_n は，前出の関係式 $r_n = 12(x_n + y_n)$ により，x_n と y_n が定まれば決まるので，この 2 次元ベクトル $\boldsymbol{f}_n$ を齢分布として考えることで十分です．すると，前出の関係式から，2 次正方行列を用いて，この齢分布の月変動を与える次の漸化式を導くことができきます．

$$\boldsymbol{f}_{n+1} = \left(\begin{array}{cc} 6 & 6 \\ 1 & 0 \end{array}\right)\boldsymbol{f}_n \tag{1.6}$$

したがって，この (1.6) に現れる 2 次正方行列を A と表すことにすれば，$\boldsymbol{f}_n = A^{n-1}\boldsymbol{f}_1$ です．

　行列 A の固有値 λ に関する固有方程式は，$\lambda^2 - 6\lambda - 6 = 0$ となり[7]，固有値が，$\lambda_\pm = 3 \pm \sqrt{15}$ と算出できます．行列 A の固有値 λ_+，λ_- のそれぞれに対する（右）固有ベクトル $^{\mathrm{T}}(6, -\lambda_-)$ と $^{\mathrm{T}}(6, -\lambda_+)$ を用いて，正方行列

$$P := \left(\begin{array}{cc} 6 & 6 \\ -\lambda_- & -\lambda_+ \end{array}\right)$$

を定義すれば，

$$P^{-1}AP = \left(\begin{array}{cc} \lambda_+ & 0 \\ 0 & \lambda_- \end{array}\right)$$

とでき，

$$A^n = P\left(\begin{array}{cc} \lambda_+^n & 0 \\ 0 & \lambda_-^n \end{array}\right)P^{-1}$$

が得られるので，数理モデリングの仮定による $\boldsymbol{f}_1 = {}^{\mathrm{T}}(x_1, y_1) = {}^{\mathrm{T}}(2, 0)$ を用いれば，$\boldsymbol{f}_n = A^{n-1}\boldsymbol{f}_1$ により，$\boldsymbol{f}_n$ の一般項，すなわち，x_n と y_n の一般項を導出できます．このように，ベクトルや行列を利用すると，さらにより一般的な数理モデルの構築や解析が明解にな

---

[7] この固有方程式は，漸化式 (1.5) に対する特性方程式と同一です．同じ数理モデルですから，数学的に導かれる当然の同一性です．

14

り得ますが，本書では，ベクトルや行列を使わないと表現できない
ような数理モデルには踏み込みません．

1.5 生存確率の導入

　前節では，「寿命」を数理モデリングに導入しましたが，本節で
は，「生存確率」を導入します．言い換えれば，死亡確率の導入で
す．前節の議論に触れた読者の中には，寿命を 2 ヶ月として，2 ヶ
月経ったら，「必ず」死亡するという仮定に違和感や非現実感をも
たれた方もあるかもしれません．たしかに，ねずみの生態としては
非現実的です．ただし，自然界の多くの動物や植物には，そのよう
に寿命がきっちりと現れる生態をもつものが少なくありません．た
とえば，植物には，一年生植物という多くの種を含む種類がありま
す．一年生植物は発芽後の「寿命」が 1 年であり，1 年後（種子な
どの繁殖活動後に）枯死します．

　一方，長生きする個体と早死にする個体がいるような生物集団が
一般的であると考えるのは，あながち間違っていません．そのよう
な集団についての「寿命」とは，集団を成す個体の死亡時の齢，す
なわち，どのくらいの期間を生存したかについての集団全体での履
歴に基づき結果的に定まる「平均寿命」や「期待寿命」と呼ぶべき
ものと考えられますから，前節の「寿命」とは，明らかに区別すべ
きものといえます．

　生物学には，**生理的寿命**と**生態的寿命**の概念があります．生理的
寿命とは，いわば，個体が生きている状態を生理的に維持できる最
大期間長を指し，生態的寿命とは，ある環境条件下での様々な死亡
要因も勘案した上で定まる生存期間長を意味しています．生理的寿
命も環境条件に依存して決まるものですが，最も狭い意味では，環
境条件に依存する死亡要因を取り除いた条件下で定まる，生物体と

は，生涯に1回のみ繁殖期を過ごすことができたのですが，今から
考える数理モデルでは，生涯に複数回の繁殖期を過ごす個体が現れ
るという点で，大きな違いが生じます．生物学では，生涯に1回の
み繁殖を行うタイプの生物を**1回繁殖型**と呼ぶのに対し，2回以上
繁殖できるタイプの生物を**多回繁殖型**と呼びます．

　この仮定の変更に伴い，さらに注意すべき事柄が現れます．前の
数理モデルでは，世代の異なる成熟個体が併存する繁殖期はあり得
ませんでしたが，今から考える数理モデルでは，繁殖期において，
世代の異なる成熟個体が併存して繁殖を行うことになります．この
ように，世代が異なる成熟個体らによる繁殖を，生物学では**世代重
複型繁殖**と呼びます．対して，前の数理モデルまでのように，世代
が異なる成熟個体が並存することのない繁殖を**世代分離型繁殖**と呼
ぶことがあります．ここでは，世代重複型繁殖をどのように扱うか
についての仮定も新たに必要になります．

　そこで，削除した仮定を除く前出の仮定に加えて，以下の仮定を
追加して考えることにしましょう．

- 死亡確率や繁殖力は，個体の齢に依存しない．
- つがいは，各繁殖期の終了直後に解消される．
- つがいは，個体の齢によらず形成される．

すると，$n+1$番目の繁殖期におけるつがいの数 c_{n+1} は，$n+1$番
目の繁殖期の直前に生き残っている個体数の半分で与えられると
考えることができます．仮定により，繁殖期の直前に生き残ってい
る個体は，すべて，成熟個体です．出生性比が $1:1$ であり，かつ，
雄と雌の間の死亡確率が等しいという仮定により，成熟した個体に
おける性比（**実効性比**）も（期待値において）$1:1$ と（数学的に）
考えられるので，それらの成熟個体数の半分がつがいの期待数とな

本節で追加した仮定により，つがいを形成できずにあぶれて孤立した雌または雄，いずれかの成熟個体もいるからです．それらの孤立個体は，引き続く非繁殖期で生き残れば，次の繁殖期におけるつがい形成にはかかわってきます．本節で追加した，つがい形成についての仮定により，形成されるつがいの数は，成熟雌と成熟雄の数の小さい方と等しく，$c_n = \min[F_n, M_n]$ となります．そして，n 番目の繁殖期において孤立している（雌または雄，いずれかの）成熟個体の数は，$\max[F_n, M_n] - c_n$ で与えられます．

　n 番目の繁殖期における成熟個体は，$n-1$ 番目の繁殖期に生まれて成熟した個体と，$n-1$ 番目の繁殖期における成熟個体のうち，n 番目の繁殖期まで生き残った個体から成ると考えることができます．よって，未成熟期間での生存確率 σ_J と成熟個体の非繁殖期における生存確率 σ_F，σ_M を考えれば，個体群ダイナミクスを表す数理モデルとして，次の連立漸化式を導くことができます．

$$
\begin{aligned}
F_{n+1} &= \sigma_F F_n + \sigma_J \omega m \min[F_n, M_n] \\
M_{n+1} &= \sigma_M M_n + \sigma_J (1-\omega) m \min[F_n, M_n]
\end{aligned}
\tag{1.8}
$$

ただし，最初の繁殖期における成熟個体数は，ねずみ算モデルから引き続いて採用している通り，$2c_1$ とします．つまり，初期条件として，成熟した個体から成るつがいの数 c_1 のみから，この個体群ダイナミクスは始まっているとします．最初の成熟雌個体，成熟雄個体，それぞれの数は c_1 に等しいので，$F_1 = M_1 = c_1$ です．

■個体群ダイナミクス　漸化式 (1.8) を用いた数値計算による図 1.4 が示すように，この数理モデルについても，十分な時間経過後の個体群ダイナミクスは，幾何級数的になります．数学的な解析により，十分に大きな n に対する成熟雌個体数 F_n と成熟雄個体数 M_n

24

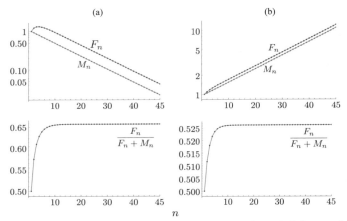

図 1.4　性差のある数理モデル (1.8) による繁殖期直前の成熟雌個体数 F_n と成熟
雄個体数 M_n, 成熟個体における雌比 $F_n/(F_n + M_n)$ の時系列の数値計算による
例. $(F_1, M_1) = (1, 1)$; $m = 5$; $\sigma_J = 0.25$; $\sigma_F = 0.6$; $\sigma_M = 0.3$; $(\omega, \lambda_F, \lambda_M) =$
(a) $(0.5, 1.225, 0.925)$; (b) $(0.4, 1.1, 1.05)$. F_n と M_n の時系列のグラフでは, 縦軸が常
用対数軸であることに注意.

の変動は, 以下のように表されることがわかります.

$$(F_n, M_n) \approx \left(F^* \{ \min[\lambda_F, \lambda_M] \}^n, M^* \{ \min[\lambda_F, \lambda_M] \}^n \right) \quad (1.9)$$

ここで, $\lambda_F := \sigma_F + \sigma_J \omega m$, $\lambda_M := \sigma_M + \sigma_J (1 - \omega) m$ です. また, F^*
と M^* は, 初期値 F_1, M_1 やパラメータで定まる正の定数です. よ
って, λ_F と λ_M がともに 1 より大きいならば, そのときに限り, い
ずれの個体数も幾何級数的に増大することになります (図 1.4(b)).
一方, λ_F または, λ_M のいずれかが 1 より小さいならば, いずれの
個体数も幾何級数的に減少します (図 1.4(a)). この場合, 集団は
絶滅に向かいます.

　ここで現れたパラメータ λ_F と λ_M は, それぞれ, 各繁殖期におけ
る雌 1 個体が生み出す次の繁殖期における成熟雌の期待数, 繁殖期

における雄1個体が産み出す次の繁殖期における成熟雄の期待数を意味します．繁殖期における産仔による雌の再生産数のみならず，元の繁殖期における雌（雄）1個体が生き残って次の繁殖期における成熟雌（雄）となることも期待数 $\sigma_\mathrm{F}(\sigma_\mathrm{M})$ として加算されています．λ_F は，p. 17 で述べた純増殖率ではなく，純増殖率 $\sigma_\mathrm{J}\omega m$ に雌自身が生き残ることによる期待数 σ_F を加えたものです．λ_M についても同様の意味づけが可能です．そこで，ここでは，λ_F と λ_M を，それぞれ，雌再生産率，雄再生産率と呼ぶことにします．

　雌再生産率についての条件 $\lambda_\mathrm{F} < 1$ は，各繁殖期の成熟雌1個体が次の繁殖期の成熟雌を1より小さな数しか生み出せない状況を表しており，成熟雌の個体数が繁殖期を経るにつれて減少する結果となることが理解できます．すると，この場合，雄再生産率がいかなる値であったとしても，つがい形成についての仮定により，成熟雌数の減少に伴ってつがい数も減少することになりますから，総産仔数も繁殖期ごとに減少し，集団は絶滅に向かいます．この考え方は，$\lambda_\mathrm{M} < 1$ の場合（図 1.4(a)）にも適用できます．

　ところで，各繁殖期における（あぶれた個体も含む）成熟個体の性比については，図 1.4 が示すように，集団の存続・絶滅によらず，時間経過とともに，ある値に漸近します．上述の個体数の振る舞いの特性から，数学的結果として，$n \to \infty$ に対して，

$$\lambda_\mathrm{F} > \lambda_\mathrm{M} \ ならば，\ \frac{F_n}{F_n + M_n} \to \frac{\sigma_\mathrm{J}m}{\sigma_\mathrm{J}m + \sigma_\mathrm{M} - \sigma_\mathrm{F}}\,\omega,$$

$$\lambda_\mathrm{F} < \lambda_\mathrm{M} \ ならば，\ \frac{F_n}{F_n + M_n} \to 1 - \frac{\sigma_\mathrm{J}m}{\sigma_\mathrm{J}m + \sigma_\mathrm{F} - \sigma_\mathrm{M}}\,(1 - \omega)$$

となります．これらは，数理モデル (1.8) について，出生性比，生存確率によって実効性比がどのように定まっていくかを表しています．なお，λ_F と λ_M のいずれか，あるいは，ともに1より小さい場

合には，集団が絶滅に向かう場合であることに注意してください．集団が絶滅する場合については，上記のような成熟雌比の漸近は，数学的な結果であり，もちろん，繁殖そのものが不可能になるわけですから，個体群ダイナミクス自体は意味を成さなくなります．

これまでの議論では陽には扱わなかった特殊な場合，$\lambda_F = \lambda_M = \lambda$ のときについては，数理モデル (1.8) は，数学的により単純になり，$F_1 = M_1 = c_1$ ならば，任意の $n \geq 1$ について，$F_n = M_n = c_1 \lambda^{n-1}$ であり，常に実効性比が $1:1$ に保たれることを示せます．さらに，$\lambda_F = \lambda_M = \lambda$ ならば，$F_1 \neq M_1$ の場合には，$n \to \infty$ に対して，$F_n - M_n \to 0$ となることも数学的に示すことができます．この議論により，数理モデル (1.8) において，$\lambda_F = \lambda_M = \lambda$ のときには，必然的に，実効性比は $1:1$ に漸近することになります．この結果は，前記の雌再生産率 λ_F と雄再生産率 λ_M の意味による理解とも合致します．

さて，これまで数理モデル (1.8) について，個体群ダイナミクスが雌再生産率 λ_F と雄再生産率 λ_M によって決まることをみてきました．これらの再生産率は，定義式から，出生雌比 ω に線形の依存性をもち，λ_F が増加，λ_M が減少します（図 1.5）．そして，集団が絶滅しない場合，すなわち，$\lambda_F > 1$ かつ $\lambda_M > 1$ が成り立つ場合，個体数の幾何級数的増大の速さは，式 (1.9) からわかるように，λ_F と λ_M のいずれかの小さい方によって決まります．

これも，雌再生産率 λ_F と雄再生産率 λ_M の意味と，数理モデル (1.8) についての仮定から考えてみると当然です．雌個体数と雄個体数がともに増大している状況では，繁殖つがいの数を決めるのは，その小さい方であり，つがいの数が産仔数を決めます．したがって，結果として集団全体の成長の速度を左右するのは，個体数がより小さな性の方ということになります．

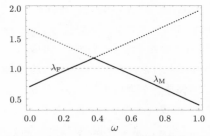

図 1.5　性差のある数理モデル (1.8) についての雌再生産率 λ_{F} と雄再生産率 λ_{M} の出生雌比 ω への依存性. 実線は, $\min[\lambda_{\mathrm{F}}, \lambda_{\mathrm{M}}]$ を表す. $m = 5$; $\sigma_{\mathrm{J}} = 0.25$; $\sigma_{\mathrm{F}} = 0.7$; $\sigma_{\mathrm{M}} = 0.4$ の場合.

■出生性比の影響　これらの結果を受けて, この節の最後に, 少しだけ, 進化生物学的な視点でこの数理モデル (1.8) による個体群ダイナミクスの特性について考えてみます.

　生物学では, **利己的遺伝子**という理論的観点が広く認められています. この観点では, 生物のある形質が集団を成す個体の特性として現れることを, その形質を司る遺伝子の定着 (集団内での「広がり」) として理解します. そして, そのような特性的質と異なる形質は, 何世代にもわたる長い時間において, 集団内に定着できずに消えてしまったと考えます. この定着と消失の過程こそが進化の過程であり, 生物学では, **自然淘汰**, あるいは, **自然選択**と呼んでいます. 自然淘汰の動力学は, 個体群ダイナミクスによります. ある形質の消失は, その形質を (司る遺伝子を) もつ個体が集団から消えることと解釈できます. 対して, 定着は, 世代を重ねながら, その形質を (司る遺伝子を) もつ個体の頻度が保たれることと解釈できます. ある形質をもつ個体が, 異なる形質をもつ個体に比べてより多くの子を残していければ, その形質は定着できます.

　そこで, この視点に立って, 数理モデル (1.8) による集団の個体

群ダイナミクスの出生性比への依存性について考えてみます. 出生性比も生物集団を特徴づける重要な形質の1つです. 数理モデル (1.8) についてこれまで述べてきた特性から明らかな通り, 集団の存続は, 出生性比に左右されます. そして, 図 1.5 が示すように, 集団が存続する (個体数が増加する) ためには, 出生雌比が条件 $\lambda_F > 1$ かつ $\lambda_M > 1$ を成り立たせるようなある限られた範囲になければなりません. さらに, 異なる出生性比をもつ2つの系統[11]を考えてみると, 個体数の増大の速度を決めるのが, λ_F と λ_M のより小さい方, つまり, $\min[\lambda_F, \lambda_M]$ でしたから, その値がより大きくなる出生性比をもつ系統の方が, 世代を経るにつれ, より大きな個体数をもつことになります. 進化生物学的な観点によれば, このことは, $\min[\lambda_F, \lambda_M]$ をより大きくする出生性比が形質として集団に定着することを意味します. ただし, 出生性比以外については共通とします.

よって, 進化の過程は, より大きな $\min[\lambda_F, \lambda_M]$ を選択することになると考えられます. この値が最大になるのは, $\lambda_F = \lambda_M$ のときです. もしも, ある系統が, この等式を満たす出生性比をもつならば, 異なる出生性比をもついかなる系統よりも個体数の増大速度の大きな系統ということですから, 進化的な定着が起こるでしょう. つまり, そのような系統の個体数は, 必ず, 異なる出生性比をもついかなる系統よりも, より大きな頻度をもちます.

ここで考えている数理モデルについては, 集団を成す個体が

---

[11] 人間の場合の家系のようなものですが, ここでは, 出生性比を左右する形質にかかわるある遺伝子について, 遺伝的に継承された親子の系列を指しています. 異なる形質が同じ集団に現れるしくみとしては, 遺伝過程における確率的な要因によって起こる突然変異や, 独立して存在していた2つの集団の何らかの原因 (たとえば, 地理変動) による混合が考えられます.

$\lambda_\mathrm{F} = \lambda_\mathrm{M}$ を満たす出生性比をもつとき，この集団の状態を「**進化的
に安定**」な状態ということができます．いかに異なる出生性比をも
つ個体が現れても，そのような個体の系統は，集団における頻度を
大きくできないからです．

　では，この進化的に安定な状態の集団は，どのような特徴をもつ
ことになるでしょうか．すでに述べたように，この集団では，実効
性比が 1 : 1 になります．数理モデル (1.8) による集団の個体群ダイ
ナミクスの仮定により，実効性比が 1 : 1 であるということは，繁
殖期においてつがいを形成できないあぶれ個体はない，という状
況です．つまり，子を産む親の立場（あるいは，利己的遺伝子の立
場）からは，成熟したときにあぶれ個体となって繁殖できない子は
現れない，という意味で理想的です．このような見方による性比の
進化生物学的説明は，生物学ではフィッシャーの理論として知られ
ています[12]．フィッシャーの理論は，最も単純な仮定の下では，実
効性比が 1 : 1 となる状況が進化的に安定であることを説明したも
のです[13]．

　数理モデル (1.8) について，$\lambda_\mathrm{F} = \lambda_\mathrm{M} > 1$ を満たす出生性比は，
次の条件を満たします．

$$\frac{1 - \sigma_\mathrm{F}}{\sigma_\mathrm{J} m} < \omega = \frac{1}{2}\left(1 - \frac{\sigma_\mathrm{F} - \sigma_\mathrm{M}}{\sigma_\mathrm{J} m}\right) < 1 - \frac{1 - \sigma_\mathrm{M}}{\sigma_\mathrm{J} m}$$

---

[12] Sir Ronald Aylmer Fisher (1890–1962) によって議論された性比理論の成果の 1 つ．

[13] このような性比の問題は，Charles Robert Darwin (1809–1882) しかり，生物学に
おいて歴史的に取り組まれてきた理論的問題です．フィッシャーの理論の入門とし
ては，たとえば，日本生態学会（編）『生態学入門 第 2 版』東京化学同人 (2012)，
さらに詳しく述べられている入門本として，長谷川眞理子『雄と雌の数をめぐる不
思議』中央公論新社 (2001) があります．近代的な理論についても触れられている
専門的入門書の 1 つとして，粕谷英一・工藤慎一（共編）『交尾行動の新しい理解
——理論と実証』海游舎 (2016) を挙げておきます．

実効性比が 1：1 になるためには，当然ながら，産仔において，生存確率のより低い性に偏った出生性比が必要になります．ここで，$\sigma_J m$ は，つがいあたりに産んだ子のうち，成熟に至る個体の期待数を表していますから，出生性比の偏りは，成熟に至る子が多ければ多いほど小さくなることがわかります．逆に，成熟に至る子が少ないほど，出生性比の偏りが顕著になるといえます．成熟までの生存率が小さくても産仔数が相当に大きい場合や，産仔数が小さくても成熟までの生存率が（親による子の保護などにより）相当に高い場合が前者に対応すると考えることができます．

　これらの結論には，数理モデル (1.8) についての繁殖に関する仮定が強く効いています．つまり，繁殖は，雌雄 1 個体から成るつがい形成によってのみ可能であるという仮定です．多くの生物種では，一般的に，繁殖にかかるエネルギーは，雌の方が雄より大きくなります．雄が配偶子（精子や花粉）を作るコストは，雌のそれより一般的には小さいからです．そのため，（利己的遺伝子の立場から）より多くの子を産み出す目的に基づけば，雄が複数の雌と子を成す生態もありえるのです．また，つがい形成によってのみ繁殖が可能であっても，鳥類などにみられるヘルパーのように，あぶれ個体が存在する生態も進化的に選択されています．つがい形成によってのみ繁殖が可能であるとしても，実効性比が 1：1 であることは，決して普遍性をもつ進化的に安定な状態であるとはいえないのです．

　　本節では出生性比についての進化の問題に触れましたが，一般に，ある形質の進化にかかわる問題において特に考慮しなければならないのが，その形質と**トレードオフ**の関係にある形質です．トレードオフの関係とは，要するに，一方の得が他方の損となるような相関を指しています．本節で取り上げた出生性比という形質についても，

出生性比が変わることにより，たとえば，未成熟個体の生存率（σ_J）が変わることがありえます．出生性比が変わることが，親の子に対する投資（たとえば，卵の平均的大きさ）に影響を及ぼす場合などです[14]．そのような形質間におけるトレードオフ関係の下で進化的に安定な形質の組み合わせに至るという考え方が現在の生物学における主流です．

---

[14] たとえば，後藤晃・井口恵一朗（共編）『水生動物の卵サイズ——生活史の変異・種分化の生物学』海游舎（2001）には，魚類における卵サイズについての実際的な様々な進化の問題が取り上げられています．

周りの状況からの影響

　ねずみ算からの展開を主題とした前章の数理モデルたちに数理モデリングの違いによる表式の違いはあれど，数学的には，集団の大きさの時系列の本質は，いずれも幾何級数的なものでした．この数学的に共通する特性が現れる要因は，つがいあたりの産仔数 m や生存確率 σ が状況の変化によらない定数であったことです．

　一般に，生物集団の生息自体が，必然的に生息環境に影響を及ぼします．理論的には，生物個体の生命活動に影響を及ぼす周囲の状況すべてを「環境」と呼んでも構わないでしょう．そして，生物集団の個体群ダイナミクスの性質は環境条件に依存しますから，生物集団の生息が環境条件を変えるなら，生物集団の個体群ダイナミクスは，そのフィードバック効果を受けることになります．そのような自業自得的な効果により，産仔数や生存確率が影響を受けることは，当然，考えられることです．生態学における重要な研究課題の1つが，そのようなフィードバック効果の分析・解明です．

　本章では特に，繁殖や生存率に対する集団内の状況からの影響，

他集団との相互作用による影響，集団外からの強制力による影響を取り上げて，基本的な数理モデリングについて考えていきます．

2.1　負の密度効果

前章の p. 17 で導いた，世代分離 1 回繁殖型のねずみ算モデル (1.7) の数理モデリングについて，再び考えます．本節では，集団内の状況からの影響を数理モデリングに導入するために，p. 16 に示された最後の仮定「死亡確率や繁殖力は，集団を成す個体数に依存しない」について，次のように変更します．

- 死亡確率は集団を成す個体数に依存しないが，繁殖力は依存する．

集団を成す個体数からの繁殖力への影響については，生態学の教科書にもしばしば言及されるわかりやすい原因として，繁殖のためのエネルギー獲得が集団内の個体数に依存していることが挙げられます．たとえば，個体数が増えてくると，食糧がそれに比例して増えない限り，個体あたりに獲得できる食糧が少なくなると期待されます．個体が獲得できる食糧が少なければ，当然，繁殖のために使えるエネルギー量も相対的に少なくなるはずですから，繁殖力が低下すると考えるのが合理的です．同様の考え方は，死亡確率（あるいは，生存確率）にも適用できるのですが，影響の質や度合いは繁殖力へのそれとは異なりますし，まずは簡単化のために，死亡確率への影響については無視して，数理モデリングを考えることにしましょう．

集団を成す個体数からの影響は，個体数密度からの影響と考える方が生態学的にはより適当です．個体の周囲の状況が他個体から受ける影響は，集団を成す個体の間の空間的な距離が近いほど強いと

考えられるからです．つまり，個体の繁殖力は，集団のもつ個体数密度に依存すると考えます．繁殖力に対する影響に限らず，一般的に，このような個体数密度による影響を，生態学では，**密度効果**と呼びます．

さて，上記の仮定変更に基づいて，ここでは，つがいあたりの産仔数 m が密度効果を受けるものとして，ねずみ算モデル (1.7) を次の形に発展させます．

$$c_{n+1} = \frac{\sigma m(a_n) c_n}{2} \qquad (n = 1, 2, \cdots) \qquad (2.1)$$

ここで，a_n は，n 番目の季節の繁殖期における成熟個体の総数を表します．ねずみ算モデル (1.7) の仮定により，$a_n = 2c_n$ です．すなわち，今，つがいあたりの産仔数 m は，定数ではなく，成熟個体数 a_n の関数として数理モデリングに導入されています．

> 本書の記述では，当初から，個体「数」，つがい「数」というように，数理モデルに現れる変数を「数」として引用していますが，数理モデリングの意味から，より適切な表現は，「数密度」です．つまり，c_n や a_n は密度を表すものと考えるのが，より適切な理解といえます．とはいえ，「密度」は，単位面積や単位体積に対しての期待数，もしくは，平均数を意味していますので，個体やつがいの数であることには違いがありません．「密度」を考える場合，その値は整数に限られず，一般的に，実数であることも重要な点です．このような理由で，表現上はわざわざ「数密度」とせず，単に「数」と記述してはいますが，産仔数 m が成熟個体数 a による密度効果を受けるという表記になっています．

ここで，つがい数 c_n ではなく，成熟個体数 a_n の関数として産仔数 m が導入されているのは，個体が繁殖に費やすことのできるエネルギーの大きさが，繁殖期までの周囲の状況に依存して決まると考えているからです．前述のように，高い個体数密度では，個体あ

たりが繁殖に使うために獲得できるエネルギー量が相対的に小さくなると考えられますから，つがいあたりの産仔数 m は，個体数密度の減少関数になると考えるのが合理的です．以下では，産仔数に対するそのような**負の密度効果**として，具体的な関数を導入した数理モデルの特性をみてみましょう．

■**ベバートン・ホルト型モデル**　まず，つがいあたりの産仔数 m が成熟個体数 a_n から受ける影響を次の関数で考えてみましょう．

$$m(a_n) = \frac{m_0}{1 + (a_n/\alpha)^\theta} = \frac{m_0}{1 + (2c_n/\alpha)^\theta} \tag{2.2}$$

ここで $m(0) = m_0$ は，産仔数の生理的上限，すなわち，密度効果がない場合に可能な産仔数を意味します．α や θ は，後述の通り，産仔数と成熟個体数の間の関係を特徴づける正のパラメータです．

> 数理モデリングの考え方に聡い読者は，ここで，「密度効果がない場合に可能な産仔数」という表現にひっかかっているかもしれません．もっともです．式 (2.2) において，「密度効果がない場合」とは，$c_n = 0$ のときと考えられますが，これは，つがいがいない場合ですから，そもそも，産仔を考えること自体がナンセンスだからです．数理モデリングとしての合理的な捉え方は，$2c_n/\alpha$ が大変に小さい場合を考えるのが適当です．より数学的な述べ方としては，$c_n = 0$ ではなく，極限 $c_n \to 0$ を考えるということです．生物学的には，密度効果によって，つがいあたりの産仔数が抑制される影響が生じるのであれば，産仔数に上限が存在すると考えるのは自然です．式 (2.2) による数理モデリングでは，それが m_0 によって表現されています．これらの意味をもつ産仔数を「密度効果がない場合に可能な産仔数」と表現していると考えてください．

　図 2.1 が示すように，パラメータ θ は，つがいあたりの産仔数 m の成熟個体数 a に対する感度を特徴づけています．十分に小さな θ に対しては，成熟個体数 a が小さい範囲で m がぐっと小さくなる

36

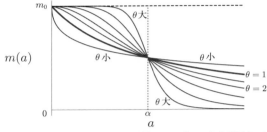

図 2.1　つがいあたりの産仔数 m が成熟個体数 a から受ける密度効果 (2.2) におけるパラメータ依存性.

ものの，a がより大きい範囲では，m の大きさは，相対的にはさほど小さくはなりません．つまり，産仔数 m は，小さな成熟個体数 a に対しての感度が強く，より大きな a の範囲については感度が鈍くなります．一方，十分に大きな θ に対しては，つがいあたりの産仔数 m は，α より小さな成熟個体数の範囲では弱い密度効果しか受けず，生理的上限に近い値となります．成熟個体数 a が α を超えると，密度効果により，値が相当に小さくなります．パラメータ α は，特にこの場合，つがいあたりの産仔数に対する，成熟個体数による密度効果における成熟個体数についての臨界値の意味をもつことがわかります．数学的には，極限 $\alpha \to \infty$ を考えてみると，つがいあたりの産仔数 m が密度効果のない定数 m_0 に等しい場合が現れます ($m \to m_0$) が，これも，α についての臨界値の意味づけに合っています．十分に大きな θ の場合，産仔数 m は，成熟個体数についてのある臨界値 α に対する感度が鋭く，α に近い成熟個体数に対して大きく変動するものの，臨界値 α からの差が大きな成熟個体数 a に対しては，感度が弱く，成熟個体数 a の違いによるつがいあたり産仔数 m の差は小さくなります．なお，θ が中庸な範囲の値（た

とえば, $\theta = 1$) をとる場合, つがいあたり産仔数 m は, 成熟個体数 a のすべての範囲にわたって中庸な感度をもち, a の値のわずかな違いに対しては, m の値の違いも相応にわずかであるような特徴があるといえます.

漸化式 (2.1) に密度効果関数 (2.2) を適用して導かれる個体群ダイナミクスモデルは次のように表されます.

$$c_{n+1} = \frac{\mathcal{R}_0 c_n}{1 + (2c_n/\alpha)^\theta} \tag{2.3}$$

ここで, $\mathcal{R}_0 := \sigma m_0/2$ は, p. 17 で述べた純増殖率を意味するパラメータになっています. 正味の純増殖率は, 密度効果の影響を受けて決まりますから, より正確には, $\mathcal{R}_0$ は, 生理的に可能な純増殖率の上限値を意味します.

特に, $\theta = 1$ の場合, 数理モデル (2.3) は, 今日, しばしば, **ベバートン・ホルト (Beverton-Holt) モデル**と呼ばれるものです. これは, 1957 年に R.J.H. Beverton (1922-1995) と S.J. Holt (1926-2019) がこの数理モデルを水産学の問題に応用したことに因んでいます.

漸化式 (2.3) において, $x_n = 2c_n/\alpha$ と置き換えると, 次式を導くことができます.

$$x_{n+1} = \frac{\mathcal{R}_0 x_n}{1 + x_n^\theta}$$

パラメータ α は定数ですから, 数学的には, x_n と c_n の時系列の特性は同質です. 時系列 $\{x_n\}$ を定めるこの漸化式がもつパラメータは $\mathcal{R}_0$ と θ であり, パラメータ α によらないので, 数学的には, c_n の時系列の特性が α にはよらないことを意味します. 数理モデリングから, パラメータ α は, 漸化式 (2.3) による個体群ダイナミクスを特徴づける重要な定数であることは上記の通りなのですが, 以降の議論でわかるように, c_n の時系列の特性を左右する因子にはなっていないのです.

38

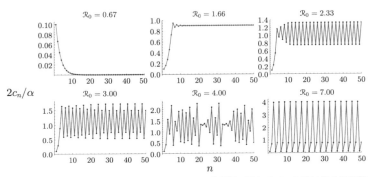

図 2.2　個体群ダイナミクスモデル (2.3) による時系列の異なる $\mathcal{R}_0$ の値に対する数値計算. $\theta = 4.0$, $2c_1/\alpha = 0.1$.

漸化式 (2.3) の数値計算による図 2.2 が示すように，漸化式 (2.3) による個体群ダイナミクスでは，個体数が幾何級数的に増加し続けるようなことは起こりません．数学的な詳細[1]にはここでは触れませんが，漸化式 (2.3) による個体群ダイナミクスは，以下のような特性をもちます．

- $\mathcal{R}_0 \leqq 1$ ならば，集団は単調に絶滅に向かう．
- $\theta \leqq 1$ の場合，$\mathcal{R}_0 > 1$ ならば，つがい数は $(\mathcal{R}_0 - 1)^{1/\theta}\alpha/2$ に単調に漸近する．
- $\theta > 1$ の場合，$1 < \mathcal{R}_0 \leqq \theta/(\theta - 1)$ ならば，つがい数は $(\mathcal{R}_0 - 1)^{1/\theta}\alpha/2$ に単調に漸近する．

---

[1] たとえば，瀬野裕美『数理生物学講義【基礎編】——数理モデル解析の初歩』共立出版 (2016)，Linda J.S. Allen『生物数学入門——差分方程式・微分方程式の基礎からのアプローチ』(竹内康博ほか (監訳)) 共立出版 (2011)，瀬野裕美『数理生物学——個体群動態の数理モデリング入門』共立出版 (2007) を参照してください．

- $1 < \theta \leqq 2$ の場合，$\mathcal{R}_0 > \theta/(\theta - 1)$ ならば，つがい数は $(\mathcal{R}_0 - 1)^{1/\theta}\alpha/2$ に減衰振動を伴って漸近する．

- $\theta > 2$ の場合，$\theta/(\theta - 1) < \mathcal{R}_0 \leqq \theta/(\theta - 2)$ ならば，つがい数は $(\mathcal{R}_0 - 1)^{1/\theta}\alpha/2$ に減衰振動を伴って漸近する．

- $\theta > 2$ の場合，$\mathcal{R}_0 > \theta/(\theta - 2)$ ならば，つがい数は特定の 1 つの値に漸近することなく，変動し続ける．

減衰振動とは，言葉の通り，衰える振動を伴った時間変動を意味しています．振動の振幅が時間とともに小さくなる変動です．なお，つがい数の変動の特性は，そのまま，集団を成す個体数の変動の特性でもあります．

図 2.3 は，これらの特性をパラメータ依存性としてまとめたものです．$\theta \leqq 1$ の場合には，個体数の時系列は単調なものしか現れませんが，$\theta > 1$ の場合には，大きな $\mathcal{R}_0$ に対して，振動する振る舞いが現れます（図 2.2 参照）．また，集団が絶滅しない（$\mathcal{R}_0 > 1$）な

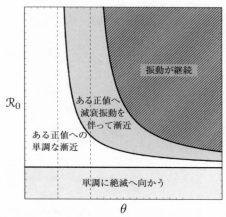

図 2.3 個体群ダイナミクスモデル（2.3）に現れる個体数変動のパラメータ依存性.

40

らば，大きな θ に対して，振動する振る舞いが現れます．この結果から，個体群ダイナミクスモデル (2.3) における振動の出現には，大きな θ と大きな $\mathcal{R}_0$ が必要であることがわかります．前述のように，大きな θ は，産仔数の密度効果に対する感度の鋭敏さが際立つ場合にあたります．このことから，強い密度効果による個体数の減少，それに対する鋭敏な感度による密度効果の大きな緩和が起こり，高い増殖能力によって速やかに個体数が復帰する，という過程が本質となって振動が起こると考えることができます．特に，小さな θ に対しては振動が起こらないので，振動が起こるためには，密度効果に対する感度の強さが重要であることがわかります．

ところで，$\theta = 1$ の場合のベバートン・ホルトモデルでは，任意の正の初期値 c_1 に対して，時系列 $\{c_n\}$ は，単調に $c^* := \max\left[0, (\mathcal{R}_0 - 1)\alpha/2\right]$ に漸近します（図 2.4）．すなわち，ベバートン・ホルトモデルにおける成熟個体数 a_n は，任意の正の初期値 a_1 に対して，単調に $a^* := \max\left[0, (\mathcal{R}_0 - 1)\alpha\right]$ に漸近します．生態学の概念に従えば，平衡値 a^* は，この集団に対する**環境許容量**と呼ぶことができます．環境許容量とは，生物集団が生息している場

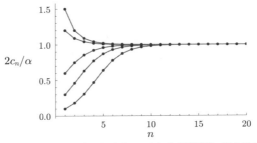

図 2.4 ベバートン・ホルトモデル (2.3) ($\theta = 1$) による時系列．異なる 5 つの初期値 $2c_1/\alpha$ に対する数値計算．$\mathcal{R}_0 = 2.0$.

所の条件下において，その集団が従う個体群ダイナミクスにより維持し得る個体数の上限を指します．図 2.4 が示すように，環境許容量を超えた分は維持できないので，個体群ダイナミクスにより，個体数は環境許容量に向かって徐々に減少します．

さて，図 2.2 が例示するように，個体数の時系列に継続的な振動が現れる場合，パラメータの値によって，振動の特性が異なります．図 2.2 では，$\mathcal{R}_0 = 2.33$ のとき，個体数の時系列は，特定の 2 つの異なる値 A と B の交互の繰り返し $ABABABA\cdots\cdots$ となるような振動に漸近しています．これを **2 周期解** と呼びます．そして，$\mathcal{R}_0 = 3.00$ のときには **4 周期解** に，$\mathcal{R}_0 = 7.00$ のときには **3 周期解** に漸近しています．$\mathcal{R}_0 = 4.00$ のときには，周期的にはみえない振動が現れています．

これらの継続的な振動の特性のパラメータ依存性を数理的に表現する図式として，解の **分岐図** と呼ばれるものがあります．数学的に厳密な分岐図についてはさておき[2]，ここでは，個体群ダイナミクスモデル (2.3) について，数値計算によって近似的に描いた分岐図を使ってもう少し詳しくみてみます．

図 2.5 に示した下 3 つの分岐図における振動する状態（$\mathcal{R}_0 > \theta/(\theta-2)$ の範囲）については，それぞれの θ の値に対する漸化式 (2.3) を次の手順で数値計算して描いたものです．

---

[2] 本節で触れている解の振る舞い，周期解，分岐図の概念や数学的取り扱いは，力学系理論と呼ばれる数理科学の分野に属します．力学系理論は，理工学はもちろん，経済学や心理学などの人文社会系科学にもかかわる分野であり，今でも多くの新しい教科書が出版されています．初歩的なものとして，山口昌哉『カオス入門（カオス全書 1）』朝倉書店 (1996)，山口昌哉（編）『カオスとフラクタル入門（放送大学教材 56791-1-9211）』放送大学教育振興会 (1992)，ジェイムズ・グリッグ『カオス——新しい科学をつくる』（上田睍亮（監修））新潮社 (1991) を挙げておきます．

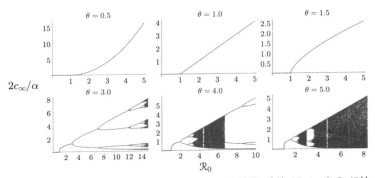

図 2.5 　個体群ダイナミクスモデル (2.3) についての分岐図. 分岐パラメータ $\mathcal{R}_0$ に対する数値計算.

1. $\mathcal{R}_0$ の値を定める.
2. 個体数（つがい数）の初期値を与える．$(2c_1/\alpha = 0.1)$
3. 漸化式 (2.3) を繰り返して用いて，$n = 200$ の値を求める.
4. さらに，漸化式 (2.3) を使って，$n = 201$ から $n = 400$ までの 200 個の値のデータを作る.
5. 定めた $\mathcal{R}_0$ の値に対して，データの 200 個の値 $(2c_\infty/\alpha)$ をグラフにプロットする.
6. 別の $\mathcal{R}_0$ の値を定めて，2 から繰り返す.

この手順のポイントは，$\mathcal{R}_0$ の各値に対して，200 個の点がプロットされることです．個体数がある正値に漸近する場合には，200 点のプロットがグラフ上は（ほぼ，見た目）1 点として現れます．個体数の変動が 2 周期解に漸近する場合には，200 点のプロットによって，グラフ上に（ほぼ）2 点が現れます．同様に，4 周期解に漸近する場合には，4 点が現れます．

　すでに述べた通り，$\theta \leqq 2$ の場合には，振動が継続する状態への漸近は起こりませんから，分岐図のプロットでは，$\mathcal{R}_0$ の各値に対して1点が対応することになり，図 2.5 の上 3 つの図が示すように，分岐図は，個体数が漸近する値の $\mathcal{R}_0$ 値への依存性を示す曲線（もしくは直線）となります．一方，$\theta > 2$ の場合には，振動する状態への漸近が起こり得ます（図 2.3）．そして，図 2.5 に示された数値計算による分岐図が示すように，個体群ダイナミクスモデル (2.3) は，より大きな $\mathcal{R}_0$ に対して，2 周期，4 周期，8 周期，16 周期と，周期が倍々となった周期解が現れる特性をもっています．このような特性は，**周期倍分岐**と呼ばれます．さらに，図 2.5 において，ぐちゃっとつぶれているようにみえるプロットには，**カオス変動**が含まれています[3]．カオス変動は周期変動ではありません．時間的に「不規則な」変動が継続し，同じ値が現れることがない振動です．数学的には，何らかの周期変動に漸近することなく，同じ値が現れない時系列が永続します[4]．そして，時系列がある定数や周期解に漸近する場合と異なり，初期値がどんなにわずかであっても異なれば，十分な時間経過後には大きく異なる振動パターンとなる特性[5]をもちます．図 2.2 に示された $\mathcal{R}_0 = 4.00$ の場合がカオス変動にあたっていると考えられます．

　　　ここで「数学的には」と断ったのは，数値計算においては，計算精度の限界（すなわち，数値計算における丸め誤差と呼ばれる避けられない誤差）により，同じ値が現れる可能性を否定できないからです．今日の計算機による計算精度は相当に高く，そのような誤差に

---

[3] 上記の数値計算だけでカオス変動の存在を「示す」ことはできませんが，力学系理論に基づいて，その存在が示されます．

[4] 当然ながら，漸化式 (2.3) からすぐにわかるように，もしも，同じ値が現れれば，それ以前の変動がその時点から繰り返されるので，周期変動です．

[5] 力学系理論では，**初期値鋭敏性**と呼ばれます．

44

より同じ値が現れる可能性は，計算回数が莫大にならない限り，大変に小さいものと考えることができます．とはいうものの，そういう可能性は否定できないのですから，科学的な立場として，数値計算結果のみによらず，数学的な議論に基づいたカオス変動の存在を示すことは重要です．

図 2.2 の $\mathcal{R}_0 = 7.00$ の示す時系列や，図 2.5 の $\theta = 4.0, 5.0$ の場合の分岐図が示すように，3 周期解に漸近する場合があります．数理科学において，3 周期解の出現は特別な意味をもちます．**シャルコフスキーの定理**と呼ばれる定理により，3 周期解が存在すれば，そのときにあらゆる周期解が存在することが数学的に示されているからです．しかし，ある周期解が「存在」するからといって，時系列がその周期解に漸近するとは限りません．つまり，ある周期解が（数学的には）存在していても，時系列のその周期解への漸近が起こらない場合があります．そのような周期解は，**不安定な解**と呼ばれます．一方，その周期解への漸近が起こる場合，**漸近安定な解**と呼びます[6]．

■**リッカーモデル**　次に，上記のベバートン・ホルト型モデルと同様に，成熟個体数が大きいほどつがいあたりの産仔数が小さくなる負の密度効果の数理モデリングとして，次の関数を考えます．

$$m(a_n) = m_0 \, e^{-\gamma a_n} \qquad (2.4)$$

パラメータ m_0 は，ベバートン・ホルト型モデルと同様に，産仔数の生理的上限を表し，γ は，つがいあたりの産仔数 m の成熟個体数 a に対する感度を特徴づけるパラメータになります．図 2.6 が示す

[6] ここで示した「不安定」と「漸近安定」の記述は，数学的にはかなり荒っぽいのですが，そのような性質の違いがあることが読者に伝わってくれればと思います．

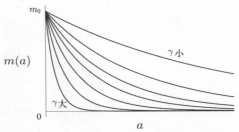

図 2.6 つがいあたりの産仔数 m が成熟個体数 a から受ける密度効果 (2.4) におけるパラメータ依存性.

ように，より大きな γ は，産仔数に対する成熟個体数からの影響が強く，成熟個体数の上昇がつがいあたりの産仔数の急激な減少を引き起こします.

漸化式 (2.1) に密度効果関数 (2.4) を適用して導かれる個体群ダイナミクスモデル

$$c_{n+1} = \mathcal{R}_0 c_n e^{-2\gamma c_n} \tag{2.5}$$

は，今日，しばしば**リッカー (Ricker) モデル**と呼ばれます．これは，1954 年に William Edwin Ricker (1908-2001) がこの数理モデルを（Beverton と Holt と同様に）水産学の問題に応用したことに因んでいます．ここで，$\mathcal{R}_0 := \sigma m_0 / 2$ は，再び，p. 17 で述べた純増殖率を意味するパラメータです.

図 2.7 に示した数値計算による分岐図から明らかなように，リッカーモデル (2.5) についても，前出のベバートン・ホルト型モデル (2.3) と同様に，周期倍分岐の構造をもつパラメータ依存性があり，カオス変動が現れ得ます．リッカーモデル (2.5) による個体群ダイナミクスの基本的な特性は，以下の通りです.

46

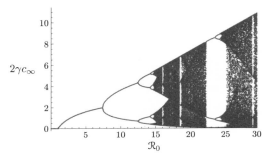

図 2.7　リッカーモデル (2.5) についての分岐図. 分岐パラメータ $\mathcal{R}_0$ に対する数値計算.

- $\mathcal{R}_0 \leqq 1$ ならば，集団は単調に絶滅に向かう.
- $1 < \mathcal{R}_0 \leqq e \approx 2.71828$ ならば，つがい数は $(1/2\gamma)\log\mathcal{R}_0$ に単調に漸近する.
- $e < \mathcal{R}_0 \leqq e^2 \approx 7.38906$ ならば，つがい数は $(1/2\gamma)\log\mathcal{R}_0$ に減衰振動を伴って漸近する.
- $\mathcal{R}_0 > e^2$ ならば，つがい数は特定の 1 つの値に漸近することなく，変動し続ける.

　なお，このような時系列の特性の分類（分岐）について，パラメータ γ は寄与がありません. つまり，$\mathcal{R}_0$ の値が同じである限り，パラメータ γ によらず，時系列 $\{c_n\}$ の特性は定性的には同じです. これは，p. 37 で述べたベバートン・ホルト型モデル (2.3) におけるパラメータ α の数学的取り扱いと同じ理由によります.

■**ロジスティック写像モデル**　産仔数に対する成熟個体数からの負の密度効果を導入する数理モデリングとして，本節の最後に，数学では区分的線形と呼ばれる次の関数を考えます.

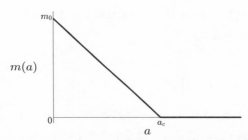

図 2.8　つがいあたりの産仔数 m が成熟個体数 a から受ける密度効果関数 (2.6).

$$m(a_n) = \begin{cases} m_0\left(1 - \dfrac{a_n}{a_c}\right) & (a_n < a_c) \\ 0 & (a_n \geqq a_c) \end{cases} \qquad (2.6)$$

図 2.8 が明示するように，この密度効果関数による数理モデリングでは，負の密度効果により，成熟個体数 a が閾値 a_c 以上の場合に繁殖が不可能となる仮定が導入されたことになります.

　ややもすると，このような折れ線関数による数理モデリングは，ベバートン・ホルト型モデルやリッカーモデルの密度効果のようになめらかな関数による数理モデリングよりも受けが悪かったり，「ちゃち」な印象をもたれたりしがちなのですが，そもそも，どのような関数なら生物学的な密度効果の重要な特性を数理モデリングとしてうまく導入できるかが重要なのであって，導入する関数の数学的性質としてのなめらかさは，モデリングの合理性の観点からは必ずしも重要ではありません.

　また，植物集団について考えてみれば，植栽密度が高すぎるとどの個体も結花や結実ができずに枯れてしまうことがあるのは，よく知られた事実です. ベバートン・ホルト型モデルやリッカーモデルの密度効果関数のように，どのような成熟個体数に対しても正の産仔数が仮定される数理モデリングの方が，ここで取り扱うような産仔可能性についての成熟個体数の閾値がある数理モデリングよりも，より数学的な近似が強いと考える観点もあります.

密度依存関数 (2.6) を導入した個体群ダイナミクスモデルは，次の漸化式になります.

$$c_{n+1} = \begin{cases} \mathcal{R}_0\left(1 - \dfrac{c_n}{c_c}\right)c_n & (c_n < c_c) \\ 0 & (c_n \geqq c_c) \end{cases} \qquad (2.7)$$

ただし，ここで，$\mathcal{R}_0 := \sigma m_0/2$ は純増殖率パラメータ，$c_c := a_c/2$ です．初期値 c_1 は，$0 < c_1 < c_c$ を満たさないと意味がありません．$c_1 \geqq c_c$（つまり，$a_1 \geqq a_c$）ならば繁殖できずに，集団は即，絶滅してしまうからです.

漸化式 (2.7) による時系列 $\{c_n\}$ については，次の性質を数学的に証明できます[7].

- $\mathcal{R}_0 \leqq 4$ ならば，初期値 c_1 が $0 < c_1 < c_c$ を満たすとき，任意の有限な n に対して，$0 < c_n < c_c$ が成り立つ.

- $\mathcal{R}_0 > 4$ ならば，正なる $c_1 \neq (1 - 1/\mathcal{R}_0)c_c$ に対して，ある有限な $n > 1$ において $c_n = 0$ である.

よって，$\mathcal{R}_0 > 4$ の場合には，集団はいずれは絶滅することになります[8]（図 2.9）．そして，初期値 c_1 について $0 < c_1 < c_c$ を満たす場合を考える限りにおいて，$\mathcal{R}_0 \leqq 4$ ならば c_n が c_c 以上になることはないことが数学的に保障されることから，生態学的に意味のある初期値 c_1 として，$0 < c_1 < c_c$ が満たされる条件下で考える限り，数理モデル (2.7) を単純に次のように表しても構わないことになり

---

[7] たとえば，瀬野裕美『数理生物学講義【基礎編】——数理モデル解析の初歩』共立出版 (2016) の 4.4 節を参照してください.

[8] 数学的には，「初期値が測度 0 の集合に含まれる特定の値をとる場合を除いて」起こる絶滅ですが，数値計算では，十分に長い計算回数で，この絶滅が観察できます（p. 43 の記述を参照してください）.

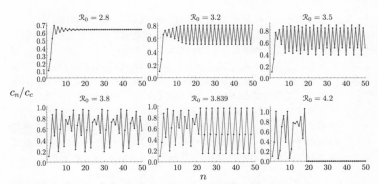

図 2.9　個体群ダイナミクスモデル (2.7) による時系列. 異なる $\mathcal{R}_0$ の値についての数値計算. $c_1/c_c = 0.1$.

ます.

$$c_{n+1} = \mathcal{R}_0\Big(1 - \frac{c_n}{c_c}\Big)c_n \tag{2.8}$$

ただし，$\mathcal{R}_0 \leqq 4$ とします．この漸化式 (2.8) は，**ロジスティック写像**と呼ばれています．そして，ここでは，漸化式 (2.7) による個体群ダイナミクスモデルを**ロジスティック写像モデル**と呼びます.

　ロジスティック写像が個体群ダイナミクスモデルとして有名になった発端は，1970 年代前半における英国の数理生物学者 Robert May (1936-) による漸化式 (2.8) の数学的性質に関する研究でした．ロジスティック写像についての研究は，多くの数理科学者らを触発し，以後，関連する多彩な研究を生み出し，それらの研究により，力学系理論が大きく発展しました.

　　数理生物学，あるいは力学系理論の大抵の教科書には，このロジスティック写像について取り上げています．そして，それらの文献では，もっぱら，式 (2.8) のみが取り扱われ，数理モデル (2.7) には触

れられません．$c_n > c_c$ の場合には，式 (2.8) の右辺が負になるので，
数理モデルとしては，そのような場合は考えない，といった注釈が
述べられることが多く，合理的な数理モデリングの記述としては物
足りないと思わざるを得ません．また，漸化式 (2.8) では，$\mathcal{R}_0 > 4$
の場合，$0 < c_1 < c_c$ なる初期値 c_1 に対する数列 $\{c_n\}$ において，ある
有限の n で負の値が現れ，その後の数列は，常に負値をとりながら
単調に減少し，負の無限大に発散します．もっとも，上述のように，
初期値 c_1 とパラメータ $\mathcal{R}_0$ についての条件を付加さえすれば，合理
的な数理モデリングの観点からも，ロジスティック写像 (2.8) の数理
モデルとしての合理性が担保されると考えることはできます．

ロジスティック写像モデル (2.7) による個体群ダイナミクスの基
本的な特性は，以下の通りです．

- $\mathcal{R}_0 \leqq 1$ ならば，集団は単調に絶滅に向かう．
- $1 < \mathcal{R}_0 \leqq 2$ ならば，つがい数は $(1 - 1/\mathcal{R}_0)c_c$ に単調に漸近
  する．
- $2 < \mathcal{R}_0 \leqq 3$ ならば，つがい数は $(1 - 1/\mathcal{R}_0)c_c$ に減衰振動を
  伴って漸近する．
- $3 < \mathcal{R}_0 \leqq 4$ ならば，つがい数は特定の 1 つの値に漸近する
  ことなく，変動し続ける．
- $\mathcal{R}_0 > 4$ ならば，つがい数は有限回の不規則な変動を経て，
  集団は絶滅する．

特に，$3 < \mathcal{R}_0 \leqq 1 + \sqrt{6} \approx 3.44949$ ならば，つがい数は，次の 2 つの
値を交互に繰り返す 2 周期解に漸近します．

$$\frac{c_c}{2}\left[1 + \frac{1}{\mathcal{R}_0} \pm \sqrt{\left(1 + \frac{1}{\mathcal{R}_0}\right)\left(1 - \frac{3}{\mathcal{R}_0}\right)}\right]$$

図 2.9 からすでに推察されている読者もあるのではないかと思い

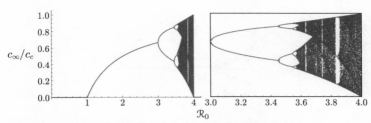

図 2.10 ロジスティック写像モデル (2.7) についての分岐図. 分岐パラメータ $\mathcal{R}_0$ に対する数値計算. 右は $\mathcal{R}_0$ の範囲 $[3, 4]$ についての拡大図.

ますが, 図 2.10 が示す通り, このロジスティック写像モデル (2.7) についても, 前出のリッカーモデルと同様, 周期倍分岐の構造をもつパラメータ依存性があり, カオス変動が現れ得ます. 先達による研究により, カオス変動が現れる $\mathcal{R}_0$ の値は, $\mathcal{R}_0 > 3.569945\cdots$ であることがわかっています. また, たとえば, $\mathcal{R}_0 = 3.839$ のときには, 3 周期解への漸近が現れます.

漸化式 (2.8) が, 今日, ロジスティック写像と呼び習わされているのは, Robert May の研究に代表される漸化式 (2.8) の研究において, 次の常微分方程式による (連続時間) 個体群ダイナミクスモデルがその元として引用されたことに起因します.

$$\frac{dN(t)}{dt} = r\left\{1 - \frac{N(t)}{K}\right\}N(t) \qquad (2.9)$$

慣習的に, この数理モデルが**ロジスティック方程式**と呼ばれています. $N(t)$ は時刻 t における集団の大きさ (個体数や密度) であり, r と K はそれぞれ, **内的自然増加率**, **環境許容量**と呼ばれる正の定数パラメータです[9].

漸化式 (2.8) は, 常微分方程式 (2.9) の単純時間差分化によって導

---

9) 内的自然増加率は, 個体あたりの増殖率の上限を意味します. 環境許容量については, 本節の p. 40 を参照してください.

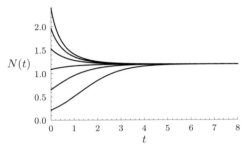

図 2.11 ロジスティック方程式 (2.9) による $N(t)$ の時間変動. 異なる 5 つの初期値 $N(0)$ からの解曲線の数値計算. $r = 1.2$; $K = 1.2$. 図 2.4 との類似性に注目.

くことができます. 単純時間差分化とは, 常微分方程式 (2.9) の左辺の時間微分を, 高校数学で学ぶ微分の定義に現れる差分 $\{N(t+h) - N(t)\}/h$ で置き換えることによる近似手法です. この置き換えによって $N(t)$ から (時間ステップ h だけ未来の) $N(t+h)$ を定める漸化式が得られ, それは, 数学的に式 (2.8) に同等なものになります. 元々, 数値解析の理論では, 単純差分化による時間微分の近似を適用した場合, 大きすぎる時間ステップ h による漸化式が与える数列は, 元の常微分方程式の解 $N(t)$ とは大きく異なる振る舞いを示すことが知られていました. 常微分方程式の解の近似としての数列を導くという目的からすれば, そのような振る舞いは忌み嫌われこそすれ, 意味はなかったのでした. しかし, その振る舞いに興味をもち, 数理生物学としての研究に発展させたのが, Robert May らでした.

また, 常微分方程式 (2.9) は,

$$\frac{d \log N(t)}{dt} = r\left\{1 - \frac{N(t)}{K}\right\}$$

のように書き換えることができ, この常微分方程式の単純差分化からは, リッカーモデル (2.5) と数学的に同等な漸化式を導くことができます. つまり, ロジスティック写像もリッカーモデルも同じロジスティック方程式 (2.9) に対する単純差分化から導かれる漸化式と捉えることが可能であり, この意味で, ロジスティック写像モデルと

リッカーモデルの特性についての既述の類似性をもありなんとも思えます. なお, 実は, ベバートン・ホルトモデル (2.3)($\theta = 1$) こそが, 合理的な意味で, ロジスティック方程式 (2.9) に対応する離散時間モデルとしての漸化式を与えます[10]. ロジスティック写像モデル (2.8) やリッカーモデル (2.5) は, 厳密には, ロジスティック方程式に「対応する」離散時間モデルではありません.

　本節では, 以上, 3 つの古典的な密度効果関数を, 漸化式 (2.1) におけるつがいあたりの産仔数 m に導入した数理モデルをみてきました. 実は, m が a_n の (広義) 単調減少関数であれば, 具体的にどのような関数であるかによらず, 次の特性があることを数学的に示すことができます.

- $\mathcal{R}_0 := \sigma m(0)/2 \leqq 1$ ならば, 集団は単調に絶滅に向かう.
- つがい数がある正の値に漸近するならば, $\mathcal{R}_0 > 1$ でなければならない.

これらの性質が上述の 3 つの個体群ダイナミクスモデルにおいて共通に現れていたのは, 数学的には当然だったわけです.

2.2 正の密度効果

　生物集団における密度効果の繁殖率への影響には, 個体数密度がある程度高い方が個体あたりの増殖率[11]が高くなる場合もあります. 成熟個体の密度が低すぎると, つがいを形成する相手をみつける困難さが増すことや, 好適餌場を発見する効率が低下することが考えられます. これらの要素は, 成熟個体の密度が低いほど, 個体

---

[10] たとえば, 瀬野裕美『数理生物学講義【基礎編】——数理モデル解析の初歩』共立出版 (2016) 第 4 章を参照してください.
[11] 本章で考えている場合,「個体あたりの増殖率」は, 純増殖率を 2 (つがいを構成する個体数) で割ったものを意味します.

あたりの増殖率が低くなる原因となり得ます。本章で考えている個体群ダイナミクスでは，繁殖はつがいでのみ可能ですから，そのような影響は，つがいあたりの産仔数に対する正の密度効果として現れ得ます。つまり，成熟個体数密度が低い（高い）ほど，産仔数が少なく（多く）なるような密度効果です。そして，前節で取り上げたような負の密度効果も同時に働くと考えることができるでしょう。

このように考えると，負と正の密度効果の複合により，つがいあたりの産仔数について，中庸な成熟個体数密度において最大値をとり，その密度より小さな密度（過疎）では密度上昇に対して増加，より大きな密度（過密）では密度上昇に対して減少というような，成熟個体数密度への山型の依存性を考えることができます。

ここでは，次の密度効果関数による数理モデリングを考えてみることにします。

$$m(a_n) = m_\circ \left(\frac{a_n}{a_\circ} \right) \mathrm{e}^{1 - a_n / a_\circ} \tag{2.10}$$

図 2.12 が明示するように，成熟個体数が $a_\circ$ のときに，つがいあたりの産仔数が最大値 $m_\circ$ をとります。

一般的に，このような山型の密度効果において，ある範囲における個体数密度上昇に対する個体あたり増殖率の上昇効果は，**アリー効果**と呼ばれています。逆に，個体数密度が下がるにつれて個体あたり増殖率が「低下」する効果をアリー効果と呼ぶこともできます。これは，生物集団における増殖率の密度効果に関する研究で著名なアメリカの動物生態学者，Warder Clyde Allee (1885–1955) の研究に因む呼称です。密度効果関数 (2.10) では，成熟個体数が $a_\circ$ 未満の範囲にアリー効果が現れます。

漸化式 (2.1) に密度効果関数 (2.10) を適用して導かれる個体群ダ

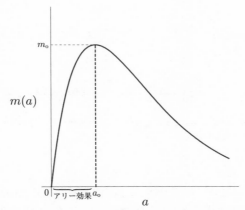

図 2.12　つがいあたりの産仔数 m が成熟個体数 a から受ける密度効果関数 (2.10).

イナミクスモデルは次式となります.

$$\frac{c_{n+1}}{c_\mathrm{o}} = \mathcal{R}_\mathrm{o}^* \left(\frac{c_n}{c_\mathrm{o}} \right)^2 \mathrm{e}^{1-c_n/c_\mathrm{o}} \tag{2.11}$$

ここで，$c_\mathrm{o} = a_\mathrm{o}/2$ です．$\mathcal{R}_\mathrm{o}^* := \sigma m_\mathrm{o}/2$ は，つがい数が c_o（すなわち，成熟個体数が a_o）の場合に実現する最大の純増殖率を意味します．

　漸化式 (2.11) による個体群ダイナミクスモデルでは，集団の絶滅が，初期のつがい数 c_1 に依存して起こり得ます．図 2.13 の数値計算が示すように，初期値 c_1 が小さすぎても大きすぎても集団は絶滅に向かい，c_1 が中庸なある範囲の場合に限り，集団が存続するような性質が現れ得るのです．このように，初期値に依存して，2 つの異なる状態が現れ得る性質を**双安定性**と呼びます[12]．

---

[12]　より一般的には，初期値に依存して，複数の状態が現れ得る性質を**多重安定性**と呼びます．

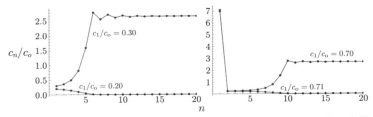

図 2.13　個体群ダイナミクスモデル (2.11) による時系列．$\mathcal{R}_{\mathrm{o}}^{*} = 2$ の場合の異なる初期値 c_1/c_{o} に対する数値計算．

個体群ダイナミクスモデル (2.11) の基本的な特性は以下の通りです．

- $\mathcal{R}_{\mathrm{o}}^{*} < 1$ ならば，集団は単調に絶滅に向かう．

- $\mathcal{R}_{\mathrm{o}}^{*} = 1$ ならば，$c_1 < c_{\mathrm{o}}$ もしくは $c_1 > \kappa_1 c_{\mathrm{o}} \approx 3.51286 c_{\mathrm{o}}$ に対しては，集団は単調に絶滅に向かうが，$c_1 \geqq \kappa_1 c_{\mathrm{o}}$ に対しては，つがい数は c_{o} に単調に漸近する．κ_1 は，方程式 $\kappa_1^2 \mathrm{e}^{1-\kappa_1} = 1$ の 2 より大きな解である．

- $1 < \mathcal{R}_{\mathrm{o}}^{*} \leqq \mathrm{e}/2 \approx 1.35914$ ならば，$c_1 < \kappa_u c_{\mathrm{o}}$ もしくは $c_1 > \kappa_c c_{\mathrm{o}}$ に対しては，集団は単調に絶滅に向かうが，$\kappa_u c_{\mathrm{o}} < c_1 \leqq \kappa_c c_{\mathrm{o}}$ に対しては，つがい数は $\kappa_s c_{\mathrm{o}}$ に単調に漸近する．κ_u と κ_s は方程式 $\kappa \mathrm{e}^{1-\kappa} = 1$ の $0 < \kappa_u < 1 < \kappa_s$ を満たす解であり，κ_c は方程式

$$2\log(\mathcal{R}_{\mathrm{o}}^{*}\kappa_c) + 2 - \kappa_c - \mathcal{R}_{\mathrm{o}}^{*}\kappa_c^2 \mathrm{e}^{1-\kappa_c} = 0$$

の 2 より大きな解である．

- $\mathrm{e}/2 < \mathcal{R}_{\mathrm{o}}^{*} \leqq \mathrm{e}^2/3 \approx 2.46302$ ならば，$c_1 < \kappa_u c_{\mathrm{o}}$ もしくは $c_1 > \kappa_c c_{\mathrm{o}}$ に対しては，集団は単調に絶滅に向かうが，$\kappa_u c_{\mathrm{o}} <$

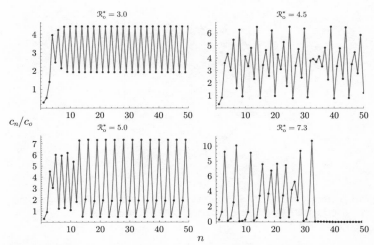

図 2.14　個体群ダイナミクスモデル (2.11) による時系列. 初期値 $c_1/c_0 = 0.3$ に対する異なる $\mathcal{R}_0^*$ の値についての数値計算.

$c_1 \leqq \kappa_c c_0$ に対しては，つがい数は $\kappa_s c_0$ に減衰振動を伴って漸近する（図 2.13）.

- $\mathrm{e}^2/3 < \mathcal{R}_0^* \leqq \overline{\mathcal{R}}_0^* \approx 7.22207$ ならば，$c_1 < \kappa_u c_0$ もしくは $c_1 > \kappa_c c_0$ に対しては，集団は単調に絶滅に向かうが，$\kappa_u c_0 < c_1 \leqq \kappa_c c_0$ に対しては，つがい数は特定の 1 つの値に漸近することなく，変動し続ける（図 2.14）. ここで，$\overline{\mathcal{R}}_0^*$ は，次の方程式の解である.

$$\log\left[\frac{\mathrm{e}\log(2\overline{\mathcal{R}}_0^*) - \overline{\mathcal{R}}_0^*}{4(\overline{\mathcal{R}}_0^*)^3}\right] + \frac{4\overline{\mathcal{R}}_0^*}{\mathrm{e}} = 0$$

- $\mathcal{R}_0^* > \overline{\mathcal{R}}_0^*$ ならば，つがい数は有限回の振動を経た後，$\kappa_u c_0$ を下回る値をとり，引き続いて単調に絶滅に向かう（図 2.14）.

58

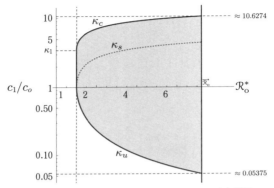

図 2.15 個体群ダイナミクスモデル (2.11) のパラメータ $\mathcal{R}_o^*$ と初期値 c_1/c_o への依存性. 縦軸は対数軸. 塗りつぶされた領域に対してのみ, 集団は存続する.

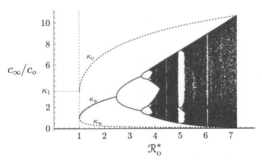

図 2.16 個体群ダイナミクスモデル (2.11) についての分岐図. 分岐パラメータ $\mathcal{R}_o^*$ に対する数値計算.

　これらの特性から得られる図 2.15 が明示するように, 個体群ダイナミクスモデル (2.11) では, パラメータ $\mathcal{R}_o^*$ の中庸な範囲 $1 < \mathcal{R}_o^* \leqq \overline{\mathcal{R}_o^*}$, 初期値 c_1 の中庸な範囲 $\kappa_u c_o < c_1 \leqq \kappa_c c_o$, に対してのみ, 集団が存続できます. そして, 数値計算によって, 存続する場合の解の分岐図 2.16 が得られます. 数理モデル (2.11) でも, 周

期倍分岐の構造をもつパラメータ依存性が再び現れます.

■**絶滅のシナリオ**　数理モデル (2.11) による個体群ダイナミクス
において特徴的なことは, 上記の通り, 初期値 c_1 が $\kappa_u c_0$ より小さ
い, もしくは, $\kappa_c c_0$ より大きいと, 集団が単調に絶滅に向かうとい
う点です. たとえば, 狩猟や採取といった人間活動が, つがい数を
$\kappa_u c_0$ より小さくしてしまう結果を導いてしまうと, アリー効果によ
り, 集団の絶滅が引き起こされることになります (図 2.17(a-3)).
この場合, 人間活動は絶滅の条件を作り出したのであって, 絶滅自
体は, 集団における個体群ダイナミクスの特性によるものです. ま
た, ある島に過剰な数の動物を放牧導入した場合に, 初期に多くが
死亡し, その後, (個体数の管理調整をしない限り) 集団は絶滅に
向かう, といったシナリオも容易に想像できます (図 2.13). この

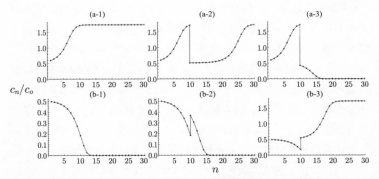

図 2.17　個体群ダイナミクスモデル (2.11) による時系列. $\mathcal{R}_0^* = 1.2$ の場合についての
数値計算. (a) $c_1/c_0 = 0.6$; (b) $c_1/c_0 = 0.5$. (a-1) 人為的な介入がなければ, ある個体数
に漸近する; (a-2) $n = 10$ において人為的に個体数を 70% 減らした場合; (a-3) $n = 10$ に
おいて人為的に個体数を 75% 減らした場合; (b-1) 人為的な介入がなければ, 絶滅
に向かう; (b-2) $n = 10$ において人為的に個体数を 2 倍に増やした場合; (b-3) $n = 10$
において人為的に個体数を 3 倍に増やした場合.

シナリオから，対照的に，絶滅の危機に瀕している生物集団を保全する（救う）人間活動の効果について考えることもできます.

絶滅の要因がアリー効果によるものであるならば，人間の手による移植や移住でその集団の個体数を大きくすることが，その後の集団の自律的な存続の契機になり得ます（図2.17(b-3)）．また，別の見方として，もしも，考える生物集団が害獣・害虫の類であって，その密度効果にアリー効果が働いているならば，人為的にその個体数をあるレベル以上に減らす操作を1回実現できれば，その集団を自律的な絶滅へ誘導できる可能性がありますが，中途半端な個体数削減では，その後，徐々に大きな集団に戻ってしまうことになります（図2.17(a-2)）.

一方，$\mathcal{R}_0^*$ が $\overline{\mathcal{R}_0^*}$ より大きい場合に起こる絶滅のシナリオとしては，別の要因を加味して理解することが必要です．$\mathcal{R}_0^*$ がそのように大きな場合については，つがいあたりの産仔数の生理的上限（m_0）が相当に大きい場合を想定できます．つまり，相当に高い潜在的繁殖力をもつ生物です．潜在的繁殖力が高いがために，集団を成す個体数は増加しやすいと考えられるのですが，密度効果により，正味の増殖率は抑制されます．あまりに高い潜在的繁殖力は個体数の急激な増加を生みやすく，大きな個体数の集団では強い密度効果が働くので，引き続く個体数の激減を誘引してしまうと考えることができます（図2.14の $\mathcal{R}_0^* = 7.3$ の場合）．そして，激減した個体数の状態では，アリー効果により，高い潜在的繁殖力でもカバーできずに，絶滅に向かうというのがシナリオになります.

そのような高い潜在的繁殖力をもつがゆえの絶滅に瀕する集団の保全については，個体数が激減した際の人為的な個体数増は集団の絶滅に対する一時的対処法にはなるものの，絶滅可能性の本質的な回避にはなっていないとも考えられます．個体群ダイナミクスモデ

ル (2.11) においては，$\mathcal{R}_0^*$ をより小さくすれば存続状態に至ること
が可能ですから，未成熟個体の生存確率 σ をより小さくする方策を
考えることができます．たとえば，繁殖期に入る前の個体を適切な
割合で間引く人為的操作を加え続けることにより，集団を存続の個
体群ダイナミクスに誘導できます．そのような存続は，人為的操作
を条件としていますので，人間と野生生物との共存の 1 つの形とい
えそうです．この観点からは，人間の集落の環境下で生息する「野
生」動物の存続は，実は，人間活動なしには成り立たないものにな
っているかもしれないという示唆が得られます．

■弱いアリー効果　アリー効果が導入された個体群ダイナミクスモ
デル (2.11) では，初期値 c_1 が小さすぎると集団が絶滅してしまう
双安定性が現れましたが，アリー効果が働いていても，必ずしもそ
のような双安定性が現れるというわけではありません．実は，つが
いあたり産仔数に対する密度効果関数 (2.10) に組み込まれたアリー
効果はそれほど強いものだったのです．

　そこで本節の終わりに，弱いアリー効果も組み込める数理モデリ
ングとして，図 2.18 で与えられるような，つがいあたり産仔数に
対する次の密度効果関数を考えてみましょう．

$$m(a_n) = \begin{cases} m_0 + (m_\circ - m_0)\left(\dfrac{a_n}{a_\circ}\right) & (0 < a_n \leqq a_\circ) \\ -\dfrac{m_\circ}{a_c - a_\circ}(a_n - a_c) & (a_\circ < a_n < a_c) \\ 0 & (a_n \geqq a_c) \end{cases} \quad (2.12)$$

$m_\circ > m_0 > 0$ です．この密度効果関数の数理モデリングは，前節で
述べたロジスティック写像モデルと類似のものです．成熟個体数が
閾値 a_c を超えた場合には，過密による繁殖不能が生じ，集団が絶
滅する仮定が導入されています．

62

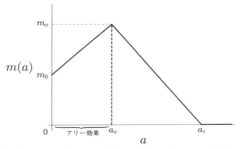

図 2.18 つがいあたりの産仔数 m が成熟個体数 a から受ける密度効果関数 (2.12).

この密度効果関数 (2.12) を漸化式 (2.1) に適用すれば，次の個体群ダイナミクスモデルを導くことができます.

$$
\frac{c_{n+1}}{c_\mathrm{o}} =
\begin{cases}
\mathcal{R}_0 \left\{ 1 + \left(\frac{\mathcal{R}_\mathrm{o}^*}{\mathcal{R}_0} - 1 \right) \left(\frac{c_n}{c_\mathrm{o}} \right) \right\} \left(\frac{c_n}{c_\mathrm{o}} \right) & (0 < c_n \leqq c_\mathrm{o}) \\
\frac{\mathcal{R}_\mathrm{o}^*}{c_c/c_\mathrm{o} - 1} \left(\frac{c_c}{c_\mathrm{o}} - \frac{c_n}{c_\mathrm{o}} \right) \left(\frac{c_n}{c_\mathrm{o}} \right) & (c_\mathrm{o} < c_n < c_c) \\
0 & (c_n \geqq c_c)
\end{cases}
$$

(2.13)

$c_\mathrm{o} = a_\mathrm{o}/2$, $c_c = a_c/2$ であり，$\mathcal{R}_0 := \sigma m_0/2$ は密度効果のない場合の純増殖率，$\mathcal{R}_\mathrm{o}^* := \sigma m_\mathrm{o}/2$ はつがい数が c_o の場合に実現する最大の純増殖率を意味するパラメータです ($c_c > c_\mathrm{o}$; $\mathcal{R}_\mathrm{o}^* > \mathcal{R}_0$).

個体群ダイナミクスモデル (2.13) は，以下の特性をもちます.

- $\mathcal{R}_\mathrm{o}^* < 1$ ならば，集団は単調に絶滅に向かう.
- $\mathcal{R}_0 \geqq 1$ のとき，$c_c/c_\mathrm{o} \leqq 2$ ならば $\mathcal{R}_\mathrm{o}^* \geqq c_c/c_\mathrm{o}$ に対して，$c_c/c_\mathrm{o} > 2$ ならば $\mathcal{R}_\mathrm{o}^* \geqq 4(1 - c_\mathrm{o}/c_c)$ に対して，つがい数は有限回の振動を経た後，絶滅する. それら以外の場合，集団は存続する.
- $\mathcal{R}_0 < 1 < \mathcal{R}_\mathrm{o}^*$ のとき，$c_c/c_\mathrm{o} \leqq 2$ ならば $\mathcal{R}_\mathrm{o}^* \geqq c_c/c_\mathrm{o}$ に対し

て，$c_c/c_0 > 2$ ならば $\mathcal{R}_0^* \geqq 4(1 - c_0/c_c)$ に対して，つがい数は有限回の振動を経た後，絶滅する．また，ある閾値 $\mathcal{R}_c$ が存在して，$c_c/c_0 \leqq 2$ ならば $\mathcal{R}_c < \mathcal{R}_0^* < c_c/c_0$ に対して，$c_c/c_0 > 2$ ならば $\mathcal{R}_c < \mathcal{R}_0^* < 4(1 - c_0/c_c)$ に対して，つがい数は有限回の振動を経た後，単調に絶滅に向かう．それら以外の場合，集団は双安定な状態にあり，初期値 c_1 に依存して，存続，もしくは，有限回の振動を経た後，単調に絶滅に向かう．

　図 2.19 にも示されている通り，漸化式 (2.13) による個体群ダイナミクスに従う集団の絶滅には 2 種類の機序があります．1 つは，前出の個体群ダイナミクスモデル (2.11) の場合の絶滅と同様，小さくなりすぎた集団の大きさがアリー効果により増殖率を下げすぎてしまうための絶滅への漸近です．もう 1 つは，前節で述べたロジスティック写像モデル (2.7) における $\mathcal{R}_0 > 4$ の場合にも起こる過密による繁殖不能が引き起こす絶滅です．

　$\mathcal{R}_0 \geqq 1$ の場合，前者の絶滅は起こりません．つまり，アリー効果を要因とした絶滅はないのです．ただし，アリー効果が働いていないわけではありませんから，このような場合，前記の数理モデル (2.11) に比べると弱いアリー効果下にあると考えることができます．一方，上記後者の絶滅は，つがいあたり産仔数に対する密度効果を関数 (2.12) で与えた数理モデリングによっています．したがって，前記の数理モデル (2.11) で上記後者の絶滅が起こらず，アリー効果により誘引される絶滅のみだったのは，密度効果が関数 (2.10) によって数理モデリングされていたことによると考えられます．もっとも，これら 2 つのタイプの絶滅を区別しないならば，本節で取り上げた 2 つの数理モデルが類似の特性をもつことは明らか

64

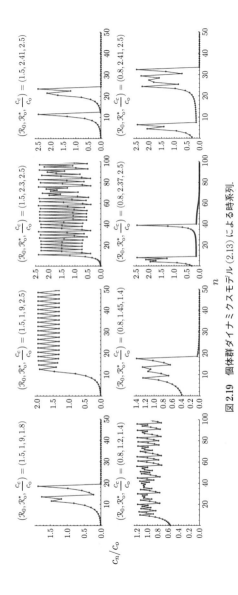

図 2.19 個体群ダイナミクスモデル (2.13) による時系列.

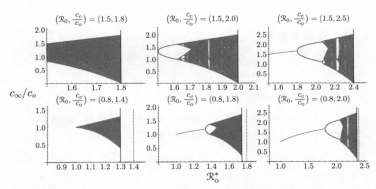

図 2.20　個体群ダイナミクスモデル (2.13) についての分岐図. 分岐パラメータ $\mathcal{R}_0^*$ に対する数値計算.

です.

　とはいえ，この個体群ダイナミクスモデル (2.13) は，前記の数理モデル (2.11) に比べて，つがいあたり産仔数に対する密度効果関数 (2.12) の自由度が高くなっています．実際，前記の数理モデルの密度効果関数 (2.10) の特性は，独立した 2 つのパラメータ m_0 と a_0 で決まるのに対して，密度効果関数 (2.12) では，独立した 4 つのパラメータ m_0, m_o, a_o, a_c があります．この自由度の高さゆえ，この個体群ダイナミクスモデル (2.13) の特性は，前記の数理モデル (2.11) より多様さをもちます．このことは，上記の特性からも窺い知れますが，図 2.20 に示した分岐図からも明白です.

　　$\mathcal{R}_0 < 1$ かつ $c_c/c_o < 3/2$ のとき，$\mathcal{R}_0^* > 1$ で集団が存続する場合にはカオス変動のみが起こり，周期変動や特定の値への漸近は現れません．また，$\mathcal{R}_0 < 1$ かつ $c_c/c_o < 2$ のときには，分岐は周期倍化を示しません．前記の数理モデル (2.11) の場合と異なるこれらの特性は，数理モデリングの違いによるものと考えられます.

2.3 競争の影響

これまで考えてきた密度効果は，同一集団内の個体数密度から受ける影響でした．一方，複数の異なる集団の個体が併存し，所属する集団が異なる個体の間に相互作用がある場合には，各個体は，自分が所属する集団の個体数密度と異なる集団の個体数密度の両方から影響を受けると考えることになります．

今，"共通"の資源によって増殖が規定されている2種の生物集団を考えます．共通の資源としては，同じ食物を想定することもできますし，様々な要素を考えることが可能です．植物の場合には，成長や繁殖にとっての限定要因となる水や光は同一空間に生息する異なる種の集団間で共通の資源といえます．営巣する動物にとっては，巣を設ける場所が共通の資源になる場合もあります．

この場合，一方の集団による資源利用が，他方の集団の資源利用効率に影響を与えることになります．すなわち，2つの集団は資源をめぐる**競争**関係にあるといえます．このような競争関係を，生態学では，**搾取型競争**，資源利用型競争，資源消費型競争などと呼びます．この競争関係は，「一方の集団の資源利用が同じ資源を利用する他方の集団の資源利用効率に影響を及ぼす」という形で現れるものとして定義されていて，本質的に，2つの集団の個体の間に直接の関係があることを意味しているわけではありません．この意味から，搾取型競争関係は，**間接的競争**ともいえます．

一方，**直接的競争**は，一方の集団の個体が直接的に他方の集団の個体に影響を及ぼす場合に現れ，生態学では，しばしば，**干渉型競争**と呼ばれる種間関係です．たとえば，一方の種の個体が他方の種の個体と（資源の奪い合いなどの理由で）直接に闘争すること自体がその繁殖率に影響を及ぼすような場合です．資源が非常に豊富な

環境では，搾取型競争の効果は弱いと考えられますが，そのような資源豊富な環境であっても，この干渉型競争は，何らかの理由で激しい闘争関係をもつ集団間では顕な影響力をもち得ます．

　最も一般的に，集団間の競争関係とは，「2つの集団相互の相手に対する影響が増殖率を減少させる効果をもつ関係」といえるでしょう．それゆえ，他集団からの影響は，**密度効果**として理解することもできます．すなわち，この場合の密度効果とは，他集団の個体数密度に依存する効果により，増殖率に対して負の影響が生ずるという見方です．本節ではこの見方に立って，競争関係にある2つの集団の個体群ダイナミクスの数理モデリングを，前節までの枠組みで考えてみます．

　他集団が不在の場合の各集団の個体群ダイナミクスに関しては，2.1節と同じ仮定をおきます．そして，つがいあたりの産仔数 m が他集団の個体数密度からの密度効果も受けるものとして，同様の数理モデリングを行います．

$$\begin{cases} u_{n+1} = \dfrac{\sigma_1 m_1(a_n, b_n) u_n}{2} \\ v_{n+1} = \dfrac{\sigma_2 m_2(a_n, b_n) v_n}{2} \end{cases} \quad (n = 1, 2, \cdots) \qquad (2.14)$$

u_n と v_n は，n 番目の季節の繁殖期における集団1と集団2のつがい数を表し，m_1, m_2 がそれぞれの集団のつがいあたり産仔数です．そして，a_n, b_n は，n 番目の季節の繁殖期における集団1と集団2の成熟個体の総数を表します．ねずみ算モデル (1.7) の仮定により，$a_n = 2u_n$, $b_n = 2v_n$ です．σ_1, σ_2 は，それぞれの集団の個体についての，非繁殖期における個体あたりの生存確率です．今，2つの集団間には競争関係を考えていますから，負の密度効果，すなわち，他方の集団の個体数密度に対して，つがいあたりの産仔数が

負の相関をもつことになります.

■**レスリー・ガワーモデル**　ここでは，2.1 節で取り上げたベバートン・ホルトモデル $(2.2)(\theta = 1)$ を 2 種競争関係に拡張した次の数理モデリングを考えます.

$$
\begin{cases}
m_1(a_n, b_n) &= \dfrac{m_{10}}{1 + \beta_{11} a_n + \beta_{12} b_n} \\
m_2(a_n, b_n) &= \dfrac{m_{20}}{1 + \beta_{21} a_n + \beta_{22} b_n}
\end{cases}
\tag{2.15}
$$

m_{01}, m_{02} は，それぞれの集団におけるつがいあたりの産仔数の生理的上限，すなわち，密度効果がない場合に可能な産仔数を意味します．$\beta_{ij}\,(i, j = 1, 2)$ は，産仔数に対する成熟個体数に依存した密度効果の強さや，成熟個体数に依存する密度効果への産仔数の感受性の強さを特徴づける正のパラメータです.

　式 (2.15) を (2.14) に組み込んだ個体群ダイナミクスモデルは，次の連立した 2 つの漸化式で表されることになります.

$$
\begin{cases}
a_{n+1} &= \dfrac{\mathcal{R}_{01} a_n}{1 + \beta_{11} a_n + \beta_{12} b_n} \\
b_{n+1} &= \dfrac{\mathcal{R}_{02} b_n}{1 + \beta_{21} a_n + \beta_{22} b_n}
\end{cases}
\tag{2.16}
$$

$\mathcal{R}_{01} := \sigma_1 m_{01}/2$, $\mathcal{R}_{02} := \sigma_2 m_{02}/2$ が，それぞれの集団についての純増殖率を意味します．前節まではつがい数の時系列を司る漸化式をみていましたが，上式は，成熟個体数の時系列を司る漸化式になっていることに注意してください.

　これは，**レスリー・ガワー (Leslie-Gower) モデル**と呼ばれる個体群ダイナミクスモデルです．パラメータ β_{12}, β_{21} は，他集団（他種）から受ける負の密度効果の強さを定める係数ですから，**種間**

競争係数と呼ばれることがあります．対して，パラメータ β_{11}, β_{22} は，所属する集団（同種）から受ける負の密度効果の強さを定める係数なので，**種内競争係数**とも呼ばれます．この意味では，同一集団内での密度効果を組み込んだ 2.1 節のベバートン・ホルトモデル (2.3)（$\theta = 1$）における α，リッカーモデル (2.5) における γ，ロジスティック写像モデル (2.7) における a_c は，種内競争係数と呼んでもよいパラメータです．

　2種競争系個体群ダイナミクスモデル (2.16) においては，他集団が不在（または，各集団が無関係な状態下）の場合，それぞれの集団はベバートン・ホルトモデルによる個体群ダイナミクスに従います．2.1 節で述べた同モデルの特性により，$\mathcal{R}_{01} \leqq 1$ のとき，集団 2 が不在であっても，集団 1 は単調に絶滅に向かいます．集団 2 が存在すれば，集団 2 からの密度効果により，つがいあたりの産仔数はさらに小さくなりますから，当然，集団 1 は単調に絶滅に向かうことになります．つまり，$\mathcal{R}_{0i} \leqq 1\,(i = 1, 2)$ のとき，集団 i は単調に絶滅に向かいます．

　1つの集団が絶滅に向かうならば，他方の集団の個体群ダイナミクスは，時間経過とともに，絶滅に向かっている集団が不在の場合のそれに近づいていくことは容易に理解できます．すなわち，1つの集団が絶滅に向かう場合，他方の集団の個体群ダイナミクスは，絶滅に向かっている集団が不在の場合のベバートン・ホルトモデルの特性に従うものになると考えられます．よって，2.1 節で述べたベバートン・ホルトモデルの特性により，他集団が絶滅に向かう場合，成熟個体数は，時間経過とともに単調に，パラメータによって定まる非負の値（やはり絶滅に向かうなら 0）に漸近します．

　一方，$\mathcal{R}_{01} > 1$ かつ $\mathcal{R}_{02} > 1$ の場合について考えてみると，他

集団が不在（あるいは，2つの集団が互いに独立）ならば，集団1
の成熟個体数は，時間経過とともに $a^* := (\mathcal{R}_{01} - 1)/\beta_{11}$ に，集団
2の成熟個体数は，$b^* := (\mathcal{R}_{02} - 1)/\beta_{22}$ に漸近します．しかし，2
つの集団が競争関係による相互作用下にある場合の個体群ダイナ
ミクスによるそれぞれの集団の運命は自明ではありません．実際，
$\mathcal{R}_{01} > 1$ かつ $\mathcal{R}_{02} > 1$ のとき，2種競争系個体群ダイナミクスモデ
ル (2.16) は，集団間の相互作用の強さに依存する以下の特性をも
ちます．

- $\beta_{11}a^* > \beta_{12}b^*$ かつ $\beta_{22}b^* > \beta_{21}a^*$ ならば，$\beta_{11}\beta_{22} - \beta_{12}\beta_{21} > 0$
 であり，このとき，2つの集団の成熟個体数 a_n と b_n は，そ
 れぞれ，次の正の値 a^{**}, b^{**} に漸近する．

$$(a^{**}, b^{**}) = \left(\frac{\beta_{22}(\beta_{11}a^* - \beta_{12}b^*)}{\beta_{11}\beta_{22} - \beta_{12}\beta_{21}}, \frac{\beta_{11}(\beta_{22}b^* - \beta_{21}a^*)}{\beta_{11}\beta_{22} - \beta_{12}\beta_{21}} \right)$$

- $\beta_{11}a^* > \beta_{12}b^*$ かつ $\beta_{22}b^* < \beta_{21}a^*$ ならば，集団2は絶滅に向か
 い，集団1の成熟個体数は a^* に漸近する．

- $\beta_{11}a^* < \beta_{12}b^*$ かつ $\beta_{22}b^* > \beta_{21}a^*$ ならば，集団1は絶滅に向か
 い，集団2の成熟個体数は b^* に漸近する．

- $\beta_{11}a^* < \beta_{12}b^*$ かつ $\beta_{22}b^* < \beta_{21}a^*$ ならば，$\beta_{11}\beta_{22} - \beta_{12}\beta_{21} < 0$
 であり，初期条件に依存して，いずれかの集団が絶滅に向か
 い，他方の集団の成熟個体数は正の値（a^* もしくは b^*）に
 漸近する．

　最初の場合は，2つの集団が共存に至る場合（図 2.21(c)）であ
り，2番目，3番目の場合は，一方の集団が競争関係による他方か
らの密度効果により絶滅に向かい，他方の集団が競争の勝者として
生き残る場合（図 2.21(a, b)）です．そして，4番目の場合は，個
体群ダイナミクスが双安定性をもつ場合であり，それぞれの集団の

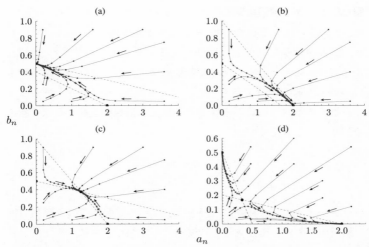

図 2.21　個体群ダイナミクスモデル (2.16) による 2 つの集団の成熟個体数 (a_n, b_n) の時系列による軌道. 様々な初期条件からの数値計算. $(\mathcal{R}_{01}, \mathcal{R}_{02}) = (3.0, 2.0)$; $(\beta_{11}, \beta_{22}) = (1.0, 2.0)$; $(\beta_{12}, \beta_{21}) =$ (a) $(5.0, 0.2)$; (b) $(2.0, 0.6)$; (c) $(2.0, 0.2)$; (d) $(10.0, 2.0)$.

運命は，初期条件 (a_1, b_1) に依存して決まります（図 2.21(d)）.

　2 つの集団間における密度効果のかかり方の強度を表す種間競争係数 β_{12}，β_{21} に着目して，これらの特性をみてみると，共存が起こるのは，種間競争係数が十分に小さい場合，すなわち，競争関係が十分に弱い場合であることがわかります. 対照的に，これらの種間競争係数がいずれも十分に大きい場合，すなわち，競争関係が強い場合に，双安定性が現れ，共存が不可能になります. このように，競争関係にある 2 つの集団の間の密度効果は，まさに，一方の集団を絶滅に追いやる可能性があります[13].

---

[13] Lotka-Volterra 型 2 種競争系を知っている読者は，これらの結果の同質性に気がつ

■リッカー型2種競争系モデル レスリー・ガワーモデル (2.16) は，2.1節で取り上げたベバートン・ホルトモデル (2.2)($\theta = 1$) を2種競争関係に拡張した数理モデリングにより構築されました．ここでは，対照として，異なる密度効果に基づく2種競争系モデルについても取り上げておくことにします．2.1節で取り上げたリッカーモデルと同様の負の密度効果を与える指数関数による次の数理モデリングを考えます．

$$\begin{cases} m_1(a_n, b_n) & = m_{10}\, \mathrm{e}^{-\gamma_{11}a_n - \gamma_{12}b_n} \\ m_2(a_n, b_n) & = m_{20}\, \mathrm{e}^{-\gamma_{21}a_n - \gamma_{22}b_n} \end{cases} \tag{2.17}$$

パラメータ γ_{12}，γ_{21} が種間競争係数，γ_{11}，γ_{22} が種内競争係数（同じ集団内における密度効果を特徴づける係数）を意味します．これらの密度効果関数を (2.14) に組み込めば，次の2種競争系の個体群ダイナミクスモデルが得られます．

$$\begin{cases} a_{n+1} & = \mathcal{R}_{01}\, a_n\, \mathrm{e}^{-\gamma_{11}a_n - \gamma_{12}b_n} \\ b_{n+1} & = \mathcal{R}_{02}\, b_n\, \mathrm{e}^{-\gamma_{21}a_n - \gamma_{22}b_n} \end{cases} \tag{2.18}$$

$\mathcal{R}_{01} := \sigma_1 m_{01}/2$，$\mathcal{R}_{02} := \sigma_2 m_{02}/2$ は，レスリー・ガワーモデル (2.16) と同じく，それぞれの集団についての純増殖率を意味します．この個体群ダイナミクスモデルでは，競争種が不在，もしくは，2つの集団が独立し，種間の相互作用がない場合，それぞれの集団の個体群ダイナミクスはリッカーモデルに従います．

2.1節で述べたように，リッカーモデルは，カオス変動を起こし得る周期倍分岐の特性をもっていますから，個体群ダイナミクス

いたことと思います．レスリー・ガワーモデルと Lotka-Volterra 型モデルの対応については，瀬野裕美『数理生物学講義【基礎編】——数理モデル解析の初歩』共立出版 (2016) の第4章を参照してください．

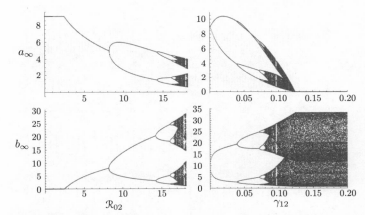

図 2.22　個体群ダイナミクスモデル (2.18) についての分岐図. 分岐パラメータ $\mathcal{R}_{02}$ ($\gamma_{12} = 0.1$), および, γ_{12} ($\mathcal{R}_{02} = 18.17$) に対する数値計算. $\mathcal{R}_{01} = 6.05$; $(\gamma_{11}, \gamma_{21}, \gamma_{22}) = (0.2, 0.1, 0.2)$.

モデル (2.18) でも同様の特性が現れることは予期されることです. 実際, 図 2.22 に示された分岐図が示すように, 2 つの集団がいずれも周期変動やカオス変動を伴いながら共存する場合があります.

　数学的詳細はかなり煩雑なのでここでは省略しますが, 大まかには, 競争の影響に関しては, 個体群ダイナミクスモデル (2.18) もレスリー・ガワーモデル (2.16) と同様の特性をもちます. すなわち, 2 つの集団が共存するためには競争関係が十分に弱くなければならず, 競争関係が十分に強い場合には双安定性が現れ, 共存が不可能になります. ただし, 共存状態での個体数の変動様式には様々なパターンが現れ得ます.

　図 2.23(c) は, 2 つの集団が共存する場合の成熟個体数の時系列の一例です. 時系列はある 4 周期解に漸近しています. この例では, 2 つの集団が独立している (相互作用のない) 場合には, 集団

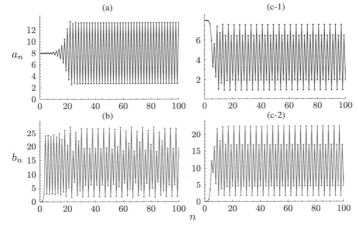

図 2.23 個体群ダイナミクスモデル (2.18) による 2 つの集団の成熟個体数 (a_n, b_n) の時系列. $(\mathcal{R}_{01}, \mathcal{R}_{02}) = (11.02, 14.88)$; $(\gamma_{11}, \gamma_{12}, \gamma_{21}, \gamma_{22}) = (0.3, 0.1, 0.1, 0.2)$; (a) $(a_1, b_1) = (7.992, 0.0)$; (b) $(a_1, b_1) = (0.0, 0.0135)$; (c) $(a_1, b_1) = (7.992, 0.0135)$.

1 は 2 周期解に，集団 2 はカオス変動に漸近します（図 2.23(a, b)）. このように，2 つの集団個々の個体群ダイナミクスのもつ特性の組み合わせが競争関係下でどのような状態を生み出すかについては，まったく自明ではなく，数理的にも面白い問題です.

一方，図 2.24 は，個体群ダイナミクスモデル (2.18) が双安定性をもつ場合の 2 つの集団の成熟個体数 (a_n, b_n) の時系列の例です. 初期条件の違いにより，どちらの集団が絶滅に向かうかが異なっています. 集団 2 が絶滅する場合には，集団 1 は $(1/\gamma_{11}) \log \mathcal{R}_{01}$ に漸近しますが，集団 1 が絶滅する場合には，集団 2 はカオス変動に漸近します. このように，一方の集団が絶滅するような 2 つの状態が同時に漸近安定になる双安定性がある場合についても，個体群ダイナミクスモデル (2.18) では，それらの 2 つの状態それぞれの特性の

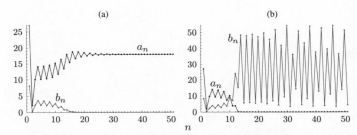

図 2.24　個体群ダイナミクスモデル (2.18) が双安定性をもつ場合の 2 つの集団の成熟個体数 (a_n, b_n) の時系列. 初期条件の違いによって絶滅する集団が異なる. $(\mathcal{R}_{01}, \mathcal{R}_{02}) = (6.05, 14.88)$; $(\gamma_{11}, \gamma_{12}, \gamma_{21}, \gamma_{22}) = (0.1, 0.2, 0.2, 0.1)$; (a) $(a_1, b_1) = (27.0, 8.10)$; (b) $(a_1, b_1) = (27.0, 8.37)$.

組み合わせは様々です. どのような組み合わせの双安定性が起こり得るのかという問題も（少なくとも, 数理的には）面白いのではないでしょうか.

2.4　天敵の影響

　競争関係と並んで, 異なる生物集団間の相互作用として典型的なのは, 「食らうものと食らわれるもの」の関係です. 生態学では, 一般的に前者を**捕食者**, 後者を**被食者**や**餌**と呼びます. ある生物種に対する「天敵」とは, その生物種の死亡を引き起こす他種を指す用語ですが, 天敵が必ずしも捕食者とは限りません. 捕食者と並んで天敵たり得るのが**寄生者**です. 寄生者に対して, 寄生されるものを**宿主**や**寄主**と呼びます.

　捕食者-被食者関係や寄生者-宿主関係は, 片利的な密度効果として数理モデリングに現れます. 捕食者や寄生者は, 被食者や宿主から（エネルギーを獲得する）利得があり, 被食者や宿主は, 捕食者や寄生者による搾取（死亡やエネルギー損失）を受けます. 前節で

取り上げた競争関係は，この意味では，双害的といえます．

　本節では，天敵による影響が生存率を低下させる場合の捕食者–被食者関係，もしくは，寄生者–宿主関係にある2つの集団の個体群ダイナミクスモデルを，やはり前節同様，ねずみ算モデル（1.7）から引き続く枠組みで考えます．すなわち，天敵集団の成熟個体数 p_n が被食者もしくは宿主（以下，被食者とのみ呼びます）の集団の生存確率 σ を低下させるという種間相互作用として捉えます．よって，ここでは，次のように定式化します．

$$c_{n+1} = \frac{\sigma(p_n)mc_n}{2} \tag{2.19}$$

生存確率が，天敵の成熟個体数 p_n の単調減少関数 $\sigma(p_n)$ として組み込まれます．1.5 節で挙げた仮定の下，ここで考えている被食者集団は，世代分離1回繁殖型の個体群ダイナミクスに従います．このとき，σ は被食者の非繁殖期における生存確率でしたから，天敵は，（被食者の）非繁殖期に被食者を餌食にすると仮定しています．また，$\sigma(0) = \sigma_0$ は，天敵が不在の場合の生存確率を意味します．

■**天敵の個体群ダイナミクス**　式（2.19）から，n 番目と $n+1$ 番目の間の非繁殖期における死亡確率は $1 - \sigma(p_n)$ であり，未成熟個体の死亡数は，$\{1 - \sigma(p_n)\}mc_n$ で与えられます．そして，非繁殖期における天敵を原因としない死亡確率を自然死亡率と呼ぶことにすれば，自然死亡率は $1 - \sigma_0$ と考えられますから，同じ非繁殖期における天敵を原因としない死亡数は，$(1 - \sigma_0)mc_n$ で与えられることになります．よって，天敵による死亡数は，

$$
\begin{aligned}
\mathcal{Z}_n &:= \{1 - \sigma(p_n)\}mc_n - (1 - \sigma_0)mc_n \\
&= \{\sigma_0 - \sigma(p_n)\}mc_n
\end{aligned} \tag{2.20}
$$

で定式化できます.

　次に,天敵集団の個体群ダイナミクスについての数理モデリング
を考えます. 最も単純な設定を取り上げることにして,以下の仮定
をおきます.

- 天敵の繁殖は,今考えている被食者集団を餌食にすることに
  よってのみ可能である.
- 天敵集団の増殖率は,餌食になった被食者数により決まる.

1番目の仮定は,もしも,被食者集団が不在,あるいは,絶滅する
なら,天敵集団は絶滅することを意味します. このように,特定の
餌食のみに依存して繁殖する捕食者のことを,生態学では,**スペシ
ャリスト**の一種である単食性捕食者と呼び[14],対して,広い範囲の
異なる種を餌食とする捕食者を**ジェネラリスト**(多食性種)と呼び
ます.

　上記2番目の仮定により,被食者の n 番目と $n+1$ 番目の繁殖期
の間の非繁殖期における捕食あるいは寄生による天敵の個体あたり
繁殖率を $g(z_n, p_n)$ と表すことにします. ここでは,一般的に,繁
殖に天敵集団内での密度効果(種内競争)が働く場合も含めて,こ
の個体あたり繁殖率は p_n に依存するものとしています. よって,n
番目と $n+1$ 番目の間の非繁殖期における捕食あるいは寄生による
天敵の産仔総数は,$g(z_n, p_n)p_n$ となります. そして,天敵集団の
個体群ダイナミクスを次の漸化式で与えます.

$$p_{n+1} = (1 - \mu)p_n + g(z_n, p_n)p_n \tag{2.21}$$

μ は,次の季節までの期間における天敵の成熟個体の死亡確率です

---

[14]「スペシャリスト」は,複数の餌種の特定の部位だけを捕食する場合も含みます.

$(0 < \mu \leqq 1)$. 表記の簡単化のため, 生まれた天敵の子が成熟個体までに至る生存確率は関数 g に含まれているとしますが, 以降, これまで通り, g を天敵の個体あたり繁殖率と呼ぶことにします. なお, 成熟個体の死亡確率 μ から, 1.5 節で述べた内容と同様の議論により, 成熟した後の天敵の平均寿命が $(1-\mu)/\mu$ で与えられていることになります.

漸化式 (2.21) によって天敵集団の個体群ダイナミクスを与えるということは, 以下の仮定をおいたことを意味します.

- 天敵の子は, 次の捕食/寄生の季節までに成熟できる.
- 成熟した天敵は, 生き残れれば, 繰り返して繁殖できる.
- 2 度目以降の繁殖においても, 同じ繁殖力をもつ.

個体あたり繁殖率 g は, 天敵個体の捕食における消化効率や宿主のもつ生理的な抵抗の効率などにより決まると考えられますが, ここでも, 最も単純なモデリングを考えていきます. 式 (2.20) で与えられる天敵による被食者の死亡数から, 天敵個体あたりの餌食数, すなわち, 天敵個体あたりの餌食の平均数は, z_n/p_n で与えられますので,

$$g(z_n, p_n) := \rho \frac{z_n}{p_n} \qquad (2.22)$$

とおくことにします. 天敵個体あたりの繁殖率が, 天敵個体あたりが得た餌食の平均数に比例する, という数理モデリングの仮定になります. パラメータ ρ は, 餌食数を繁殖率へ変換する係数なので, 被食者-捕食者関係の個体群ダイナミクスモデルにおいて, しばしば, (エネルギー) **変換係数** と呼ばれます.

以上の数理モデリングによる式 (2.19-2.22) から, 次の天敵集団と被食者集団の成熟個体数の時系列を与える個体群ダイナミクスモ

デルを導くことができます.

$$
\begin{cases}
a_{n+1} &= \dfrac{\sigma(p_n)ma_n}{2} \\[2mm]
p_{n+1} &= (1-\mu)p_n + \dfrac{\rho}{2}\{\sigma_0 - \sigma(p_n)\}ma_n
\end{cases} \tag{2.23}
$$

ここで, 以前と同様に, $a_n = 2c_n$ は, 被食者集団における成熟個体数を表します. 以下では, さらに, 天敵集団と被食者集団の相互関係についての数理モデリングにより, 天敵による影響を組み込んだ生存確率 $\sigma(p_n)$ を導きます.

■ニコルソン・ベイリーモデル　今, 被食者個体が天敵に発見された際に, 捕獲される確率を q とおきます. すると, 被食者個体が天敵に j 回発見されながらも捕獲から逃れる確率は, $(1-q)^j$ で与えられます. ここでは, 複数回の天敵からの攻撃において, 過去の攻撃によるダメージによる影響はないものとします. 天敵からの攻撃以外の要因による死亡が起こらない確率, すなわち自然生存確率は, 前記の通り σ_0 で与えられます. したがって, 被食者個体がある非繁殖期において, 天敵に j 回発見されながらも生き残り, 引き続く繁殖期における繁殖に参加できる確率は, $\sigma_0(1-q)^j$ ということになります. なお, $j = 0$ の場合とは, 非繁殖期に天敵にみつからなかった場合ですから, その場合の生存確率は σ_0 です.

　ここで, n 番目と $n+1$ 番目の繁殖期の間の非繁殖期において被食者個体が天敵に j 回発見される確率を $\Pi_n(j)$ で表せば, 上記の議論から, この非繁殖期における被食者個体の生存確率 $\sigma(p_n)$ を次のように与えることができます.

$$
\sigma(p_n) := \sigma_0 \sum_{j=0}^{\infty} (1-q)^j \Pi_n(j) \tag{2.24}
$$

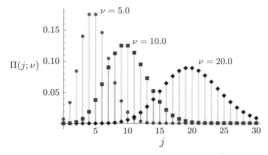

図 2.25　強度 ν のポワッソン分布 $\Pi(j;\nu) = \dfrac{\nu^j}{j!}\,\mathrm{e}^{-\nu}$.

　そして，被食者が天敵に j 回発見される確率 $\Pi_n(j)$ については，次のポワッソン分布を導入することにします．

$$\Pi_n(j) := \frac{(\lambda p_n)^j}{j!}\,\mathrm{e}^{-\lambda p_n} \quad (j = 0,\,1,\,2,\,\dots) \qquad (2.25)$$

ただし，$\Pi_n(0) = \mathrm{e}^{-\lambda p_n}$ です．これは，強度（パラメータ）λp_n をもつポワッソン分布を表します（図 2.25）．このポワッソン分布の表現する仮定は，非繁殖期において被食者が天敵に発見されるという事象が，非繁殖期におけるどの時点でも同等に起こり得て，その起こりやすさが強度 λp_n で与えられるという確率過程，**ポワッソン過程**[15]に従うというものです．ポワッソン過程は，事象のランダムな生起についての最も単純な仮定に基づく確率過程です．

　ポワッソン分布 (2.25) を式 (2.24) に適用して計算すると，

---

[15]　より具体的には，微小時間 Δt において事象が生起する確率が $\lambda p_n \Delta t + \mathrm{o}(\Delta t)$ で与えられる確率過程です．たとえば，齋藤保久ほか『数理生物学講義【展開編】——数理モデル解析の講究』共立出版 (2017) の付録 A や，寺本英『ランダムな現象の数学』吉岡書店 (1990) を参照してください．

$$\sigma(p_n) = \sigma_0 \, \mathrm{e}^{-\lambda p_n} \sum_{j=0}^{\infty} \frac{\{(1-q)\lambda p_n\}^j}{j!} = \sigma_0 \, \mathrm{e}^{-q\lambda p_n} \tag{2.26}$$

となります[16]．すると，式 (2.23) から，次の個体群ダイナミクスモデルを導くことができます．

$$\begin{cases} a_{n+1} = \mathcal{R}_0 \mathrm{e}^{-q\lambda p_n} a_n \\ p_{n+1} = (1-\mu)p_n + \rho \mathcal{R}_0 \big(1 - \mathrm{e}^{-q\lambda p_n}\big) a_n \end{cases} \tag{2.27}$$

$\mathcal{R}_0 := \sigma_0 m/2$ は，天敵不在の場合の被食者集団の純増殖率を意味するパラメータです．

　この数理モデル (2.27) は，今日，**ニコルソン・ベイリー (Nicholson-Bailey) モデル**と呼ばれています[17]．オーストラリアの昆虫学者 Alexander John Nicholson (1895-1969) と物理学者 Victor Albert Bailey (1895-1964) が 1930 年代に発表した捕食過程についての数理モデルにちなむ呼称です．

　ニコルソン・ベイリーモデル (2.27) は，以下の特性をもちます．

- $\mathcal{R}_0 \leqq 1$ のとき，被食者集団と天敵集団は，ともに絶滅に向かう．
- $\mathcal{R}_0 > 1$ のとき，被食者個体数と天敵個体数は，励起振動を伴う時系列を起こす．

$\mathcal{R}_0 \leqq 1$ の場合，天敵が不在であっても被食者集団は絶滅に向かいますから，繁殖のための餌食が絶滅に向かっている状況下で，当然，天敵集団も絶滅に向かいます．一方，$\mathcal{R}_0 > 1$ の場合に現れる

---

[16] $\displaystyle\sum_{k=0}^{\infty} \frac{x^k}{k!} = \mathrm{e}^x$

[17] 大抵，$\mu = 1$ の場合，すなわち，天敵が世代分離型の場合の数理モデルが引用されます．

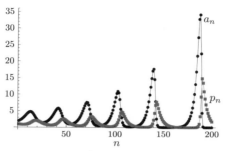

図 2.26 ニコルソン・ベイリーモデル (2.27) による時系列. $(a_1, p_1) = (2.0, 1.0)$; $\mathcal{R}_0 = 1.3$; $q\lambda = 0.2$; $\mu = 0.9$; $\rho = 0.3$.

励起振動とは，時間とともに激しくなる振動を伴った時間変動で，図 2.26 が示すように，振動の振幅が徐々に大きくなります．数学的には，ニコルソン・ベイリーモデル (2.27) におけるこの振動の励起は上限なく発展し，時間経過とともに振幅は無限大に向かいます（発散します）．このような励起振動の出現の主因と考えられるのは，被食者集団の個体群ダイナミクスの特性です．天敵不在 ($p_n \equiv 0$) の場合，被食者集団の個体群ダイナミクスは，まさにねずみ算モデルとなっていて，個体数は指数関数的に無限大に向かう，幾何級数的な成長を導くからです．

ニコルソン・ベイリーモデル (2.27) における励起振動の下では，数学的には集団が絶滅することはありませんが，非常に小さな個体数になる季節が現れることが図 2.26 からみてとれます．生態学的には，集団を成す個体数が極端に小さくなると，環境の不確定・確率的な要因（気候変動や人為的事象など）により，繁殖に重大な困難を引き起こす状態に陥り，絶滅が起こる可能性が大きいと考えます．そのような絶滅は，**生態学的撹乱による絶滅**として記される場合があります．この考え方から，ニコルソン・ベイリーモデル (2.27) については，数学的には，絶滅せず発散する励起振動が現れるのですが，

生態学的には，絶滅する大きな可能性を示す個体群ダイナミクスが現れていると考えられます．

■集団内の密度効果との相乗効果　さて，上記のように，ニコルソン・ベイリーモデル (2.27) に現れる無限大への励起振動の主因が被食者集団の個体群ダイナミクスのもつ幾何級数的な成長の特性であるという見方に立てば，被食者集団内において密度効果（種内競争効果）による自律的な増殖調節が働く場合，個体群ダイナミクスがどのような特性をもち得るのか，と考えるのは，理論的な発展として至極自然です．

そこで，さらに，個体群ダイナミクスモデル (2.23) に，被食者集団における産仔数に対する密度効果を導入した次の数理モデルを考えてみます．

$$\begin{cases} a_{n+1} &= \dfrac{\sigma(p_n)m(a_n)a_n}{2} \\ p_{n+1} &= (1-\mu)p_n + \dfrac{\rho}{2}\left\{\sigma_0 - \sigma(p_n)\right\}m(a_n)a_n \end{cases} \quad (2.28)$$

非繁殖期における被食者個体の生存確率 $\sigma(p_n)$ に式 (2.26) を，被食者集団における産仔数に対する密度効果関数 $m(a_n)$ に式 (2.2)($\theta = 1$) を導入すれば，次の個体群ダイナミクスモデルが得られます（$\mathcal{R}_0 := \sigma_0 m_0/2$）．

$$\begin{cases} a_{n+1} &= \mathcal{R}_0 e^{-q\lambda p_n}\dfrac{a_n}{1 + a_n/\alpha} \\ p_{n+1} &= (1-\mu)p_n + \rho\mathcal{R}_0\left(1 - e^{-q\lambda p_n}\right)\dfrac{a_n}{1 + a_n/\alpha} \end{cases} \quad (2.29)$$

この数理モデルは，ニコルソン・ベイリーモデル (2.27) とベバートン・ホルトモデル (2.3)($\theta = 1$) を組み合わせたものといえます．被食者の個体群ダイナミクスは，天敵不在の場合，2.1 節で

84

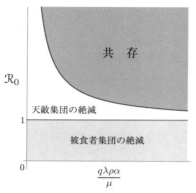

図 2.27　個体群ダイナミクスモデル (2.29) の特性のパラメータ依存性.

述べたように，成熟個体数 a_n が時間経過とともに単調に $a^* :=$
$\max\left[0, (\mathcal{R}_0 - 1)\alpha\right]$ に漸近する性質をもちます．天敵によるそのよ
うな被食者に対する捕食/寄生がランダムに（ポワッソン過程とし
て）起こる被食者集団対天敵集団の個体群ダイナミクスモデルで
す．パラメータ α のより小さな値が，より強い密度効果を意味する
ことに注意してください．

　個体群ダイナミクスモデル (2.29) は，以下の特性をもちます．

- $\mathcal{R}_0 \leqq 1$ のとき，被食者と天敵は，ともに絶滅に向かう．
- $1 < \mathcal{R}_0 \leqq 1 + \mu/(q\lambda\rho\alpha)$ のとき，天敵が絶滅に向かい，被食
  者集団は生き残り，成熟個体数 a_n が $(\mathcal{R}_0 - 1)\alpha$ に漸近する．
- $\mathcal{R}_0 > 1 + \mu/(q\lambda\rho\alpha)$ のとき，被食者と天敵は共存する．

これらの特性をまとめた図 2.27 からもわかるように，被食者集団
における強すぎる密度効果は，天敵集団を絶滅させます．

　さらに，分岐図 2.28 から窺い知れる通り，共存状態においては，
被食者数と天敵数は振動を伴う時系列を示しますが，強い密度効

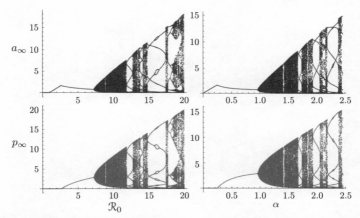

図 2.28　個体群ダイナミクスモデル (2.29) についての分岐図. 分岐パラメータ $\mathcal{R}_0$ ($\alpha = 1.0$), および, α ($\mathcal{R}_0 = 7.5$) に対する数値計算. $q\lambda = 0.5$; $\mu = 0.8$; $\rho = 1.0$.

果は振動の振幅を抑えています. 密度効果のない (数学的には, $\alpha \to \infty$ の) 場合, 数理モデル (2.29) はニコルソン・ベイリーモデル (2.27) となり, 前記の通り, 個体群ダイナミクスは発散する励起振動を現しますから, 被食者集団における密度効果が, その励起振動を抑制するような拮抗的影響を個体群ダイナミクスにもたらしていると理解できます. そして, 分岐図 2.28 が示すように, 十分に強く, しかし, 強すぎない密度効果によってのみ, 被食者集団と天敵集団は, 振動を伴わず, 個体数がある正の平衡値に漸近する状態に至ります.

　個体群ダイナミクスモデル (2.29) についての分岐図 2.28 の特徴は, 2.1 節で述べたような平衡値への漸近から周期解が分岐してその周期が倍化する構造をもつ分岐ではなく, Neimark-Sacker 分岐[18] と呼ば

---

[18] Sacker-Neimark 分岐と呼ばれることも, Naimark-Sacker 分岐と綴られることもあります. secondary Hopf 分岐, torus 分岐などの呼称もあります. 数学的な内

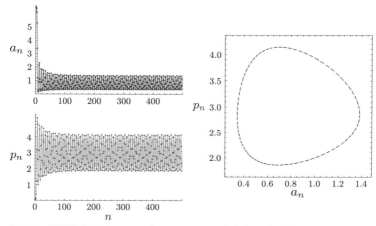

図 2.29　個体群ダイナミクスモデル (2.29) による時系列の数値計算．右図は，相平面
における $n = 500\sim1000$ の (a_n, p_n) プロット．各点がある閉曲線上に存在している．
$\mathcal{R}_0 = 7.5; q\lambda = 0.5; \alpha = 1.0; \mu = 0.8; \rho = 1.0.$

れるカオス変動への分岐が現れます．図 2.29 が示すように，この分
岐で現れる個体数の不規則変動においては，長期にわたる振動の振
幅がある有限な範囲に収まるだけではなく，変動に大きな周期的う
ねりが含まれているようにみえる特徴が現れます．ただし，そのう
ねりも，数学的には，厳密な周期的うねりではなく，擬周期的とも
いえるものです．図 2.29 の (a_n, p_n) プロットがそのうねりの存在を
示しています．

2.5　削減/間引きの影響

集団外からの影響による個体数の減少は，前節で議論した天敵の
影響によるもの以外に，人間活動によるものがあります．狩猟や漁

容については，たとえば，小室元政『基礎からの力学系——分岐解析からカオス的
遍歴へ（臨時別冊・数理科学 SGC ライブラリ 17）』サイエンス社（2002）を参照し
てください．

業，農業による収穫，あるいは，農薬散布などを例として挙げることができます．天敵による影響と違い，これらの人為的な個体数の削減や間引きによる影響の結果は，原理的には，それらの影響の強さにフィードバックする作用を与えません．天敵の影響は，被食者数の減少を引き起こすので，翻って，天敵集団自体の増殖に影響が返ってきますが，人為的な影響では，（必ずしも，あるいは，当面は）そのような影響の返りがありません．そのような一方的な人為的削減や間引きが，生物集団の絶滅や絶滅危惧状態を引き起こしてきた歴史上の例の枚挙にはいとまがありません．

　一方，生物集団に対する削減/間引きは，生物資源管理の側面ももちます．それは，生物資源としての利用効率を維持するためであったり，生物集団の過剰な増大を抑制するためであったりします．また，絶滅危惧状態にある生物集団の存続を図ることを目的として，相互作用のある他の生物集団の個体数を制御するためであったりもします．

　さて，前節で議論したように，天敵の影響下の被食者集団の個体数変動には，特徴的な振動が現れ得ました．そのような振動の出現の機序には，上記のような，被食者数の減少によるフィードバック作用が天敵集団に影響を及ぼすという2つの集団間の相互作用の関係が重要であると考えるのは自然です．では，この節で取り上げるような人為的な削減や間引きの影響は，どのように個体群ダイナミクスの特性に現れるでしょうか．

■数理モデリング　前節同様，ねずみ算モデル (1.7) から引き続く枠組みで考えます．つまり，考えるのは，世代分離1回繁殖型の集団についての個体群ダイナミクスです．削減/間引きについての以下の仮定を追加します．

● 削減/間引きは，繁殖期直前に 1 回のみ起こる．

もちろん，削減/間引きの操作がどのように集団に及ぶのかという様相によって数理モデリングは変わり得ますが，できるだけ単純な設定で考えます．この仮定に基づいて，以下では，2.1 節で述べた，つがいあたりの産仔数 m が負の密度効果を受けるねずみ算モデル (2.1) を拡張して，削減/間引きの影響を組み込んだ個体群ダイナミクスの数理モデリングを考えます．

農業における野菜や果実の生産についてよく知られているように，適切な間引きの操作は，生産物の成長や収量（正味の繁殖量）を増加させます．これは，2.1 節で考えた負の密度効果に対する操作と考えることができます．すなわち，削減/間引きの操作は，個体数密度を下げる効果がありますから，負の密度効果が弱くなる結果，つがいあたり（個体あたり）の繁殖率を上げるのです．

さて，上記の仮定の下，次の数理モデルを考えてみましょう．

$$a_{n+1} = \frac{\sigma m((1-h)a_n)(1-h)a_n}{2} \tag{2.30}$$

パラメータ $h(0 < h < 1)$ が，削減/間引きによる成熟個体数の減少率です．n 回目の繁殖期直前における削減/間引きによる減少個体数が ha_n で与えられ，n 回目の繁殖期における成熟個体数は $(1-h)a_n$ となります．すると，繁殖期におけるつがいの期待数は $(1-h)a_n/2$ になります．a_n は，n 回目の繁殖期直前の削減/間引き前の成熟個体数を意味します．考えている生物集団が生物資源であるとするなら，a_n は，収穫時にその対象となる生物資源量を表しています．このとき，漸化式 (2.30) は，前年の削減/間引き（＝収穫）が今年の収穫対象となる生物資源量にどのように影響を及ぼすかを示しています．

実は，$b_n = (1-h)a_n$ と置き換えて，式 (2.30) を数列 $\{b_n\}$ に関する漸化式として表せば，2.1 節で扱った漸化式 (2.1) と数学的に同等であることがわかりますから，削減/間引きの影響を導入するパラメータ h が追加されたとはいえ，漸化式 (2.30) による個体群ダイナミクスの特性は，$h = 0$ の場合（削減/間引きのない場合）と数学的には同じということになります．ただし，削減/間引きの影響を考察するための個体群ダイナミクスモデルとしては，個体群ダイナミクスの特性がどのようにパラメータ h に依存するかについて明らかにし，個体群ダイナミクスへの削減/間引きの影響について議論する必要があります．

■**ベバートン・ホルト型モデルの場合**　漸化式 (2.30) におけるつがいあたり産仔数 m に対する密度効果関数として，2.1 節で述べたベバートン・ホルトモデル (2.3)($\theta = 1$) のそれと同じ (2.2) を導入した場合，個体群ダイナミクスは次の漸化式によって与えられます．

$$a_{n+1} = \frac{\mathcal{R}_0(1-h)a_n}{1 + (1-h)a_n/\alpha} \tag{2.31}$$

これまで同様，$\mathcal{R}_0 := \sigma m_0/2$ です．この数理モデル (2.31) による個体群ダイナミクスは，以下の特性をもちます．

- $(1-h)\mathcal{R}_0 \leqq 1$ ならば，集団は単調に絶滅に向かう．
- $(1-h)\mathcal{R}_0 > 1$ ならば，個体数 a_n は $a^* := \{\mathcal{R}_0 - 1/(1-h)\}\alpha$ に単調に漸近する．

図 2.30 の分岐図も示しているように，当然，削減/間引きによる減少率 h が大きいほど，個体数はより小さな平衡値に漸近します．そして，削減/間引きによる減少率 h が $h_c := 1 - 1/\mathcal{R}_0$ を超えていると，削減/間引きにより集団の絶滅が誘引されます．

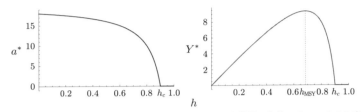

図 2.30　個体群ダイナミクスモデル (2.31) ついての分岐図．分岐パラメータ h に対する数値計算．$Y^* := ha^*$; $\mathcal{R}_0 = 10.0$; $\alpha = 0.5$. 図中，$h_c = 0.9$; $h_{MSY} = 1 - 1/\sqrt{10} \approx 0.6838$.

■**最大持続収穫量**　さて，削減/間引きの操作を考えるとき，しばしば，削減/間引きによる収量が検討されますから，ここでもその観点からこの数理モデルの特性をみてみましょう．削減/間引きによる個体数減少分を収量と考えるならば，n 番目の季節における収量 Y_n は，$Y_n := ha_n$ で定義でき，上記の個体群ダイナミクスの特性により，平衡状態における収量 $Y^*(h)$ は，$Y^*(h) := ha^* = h\{\mathcal{R}_0 - 1/(1-h)\}\alpha$ です．すると，図 2.30 でも示されるように，平衡状態における収量を最大にする削減/間引きの操作が存在することが明白になります．すなわち，削減/間引きによる減少率 h が

$$h_{MSY} := 1 - \frac{1}{\sqrt{\mathcal{R}_0}} \tag{2.32}$$

のとき，平衡状態における収量 Y^* は最大値 $Y^*(h_{MSY}) = (\sqrt{\mathcal{R}_0} - 1)^2\alpha = \{h_{MSY}/(1-h_{MSY})\}^2\alpha$ をとります．生物資源管理の分野では，この $Y^*(h_{MSY})$ は**最大持続収穫量**（MSY; Maximum Sustainable Yield）と呼ばれます．

■**削減/間引きのコスト**　さらにもう少し踏みこんだ数理モデリングについて触れてみたいと思います．上記のように収穫による収量の問題を理論的に論じるとき考慮しなければならない他の要素と

して，収穫操作にかかるコストがあります．たとえば，農業におけ
る農薬を用いた害虫集団に対する削減操作を考えるならば，害虫は
少ない方がよいので，削減率は大きければよりよさそうですが，削
減率を大きくするためには，使用する農薬量を増やしたり，あるい
は，高価な農薬の使用に切り替えたりする必要があるかもしれませ
ん．害虫をできるだけ減らすために大きな費用をかけることは，農
作物に対する害虫による損害を減らし，損益を少なくしようという
目的と拮抗します．漁業においては，漁船の操業時間や人手が漁獲
量を決めるので，やはり，より大きな漁獲量を上げようとすると，
より大きなコストがかかることになります．このような観点から，
収量自体の最大化ではなく，収益の最大化を議論するためには，収
穫操作にかかるコストを考慮しなければならないわけです．

　ここでは，上で扱ってきた数理モデルに削減/間引きにかかるコ
ストを導入して，収益の最大化について考えてみましょう．この設
定下では，削減/間引き操作は利益を得るための作業ですので，以
下，削減/間引きを「収穫」，削減率を「収穫率」と呼び替えること
にします．以下の最も単純な仮定の下での数理モデリングを考えま
す．

- 単位収量あたりの期待収入を定数 p とする．
- 収穫にかかるコストは収穫率 h に比例する．

よって，収量 Y から得られると期待される総収入は pY となり，収
穫率 h を実現するためのコストを ηh で与えます．正の定数 η は，
収穫作業の特性によって決まるパラメータです．

　この数理モデリングから，収穫率 h の下での平衡状態における収
穫作業あたりの収益 $\mathcal{P}^*(h)$ は，

$$\mathcal{P}^*(h) := pY^*(h) - \eta h = ph\Big(\mathcal{R}_0 - \frac{1}{1-h}\Big)\alpha - \eta h \qquad (2.33)$$

となります．この収益 $\mathcal{P}^*(h)$ は，当然ながら，収穫がない場合の集団が絶滅に向かっていないことが大前提ですから，以下では，$\mathcal{R}_0 > 1$ の条件下で考えましょう．

この収益 $\mathcal{P}^*(h)$ の解析によって，以下の結果が得られます．

- $\mathcal{R}_0 - \eta/(p\alpha) \leqq 1$ ならば，任意の $h > 0$ に対して，$\mathcal{P}^*(h) \leqq 0$ である．

- $\mathcal{R}_0 - \eta/(p\alpha) > 1$ ならば，$\mathcal{P}^*(h)$ は，

$$h = h_{\mathrm{MEY}} := 1 - \frac{1}{\sqrt{\mathcal{R}_0 - \eta/(p\alpha)}}$$

において，最大値 $\mathcal{P}^*(h_{\mathrm{MEY}}) = p\{\sqrt{\mathcal{R}_0 - \eta/(p\alpha)} - 1\}^2\alpha = p\{h_{\mathrm{MEY}}/(1-h_{\mathrm{MEY}})\}^2\alpha$ をとる．

- $\mathcal{R}_0 - \eta/(p\alpha) > 1$ であるならば，収穫率 h が

$$h < h_{\mathrm{s}} := 1 - \frac{1}{\mathcal{R}_0 - \eta/(p\alpha)}$$

を満たすとき $\mathcal{P}^*(h) > 0$，$h > h_{\mathrm{s}}$ を満たすとき $\mathcal{P}^*(h) < 0$ となる．

最初の結果は，収穫作業にかかるコストが相対的に大きな（η が大きい）場合や，収穫物あたりの収入が低い（p が小さい）場合には，収穫による収益が見込めない（赤字になる）ことを意味しています．対象となる生物集団が低い繁殖力をもつ（$\mathcal{R}_0$ が小さい）場合にも，収穫による収益が見込めないといえます．これらの場合，対象の生物集団は，収穫による収益元としては不適合といえます．

収益が見込める場合，すなわち，$\mathcal{R}_0 - \eta/(p\alpha) > 1$ の場合の一例を図 2.31 に示しました．収益を最大化する収穫率 h_{MEY} が存在し，

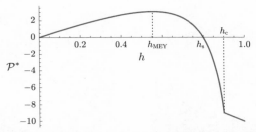

図 2.31　個体群ダイナミクスモデル (2.31) についての平衡状態における収益 $\mathcal{P}^*(h)$ の例．$\mathcal{R}_0 = 10.0; \alpha = 2.0; p = 1.0; \eta = 10.0$．図中，$h_{\mathrm{s}} = 0.8; h_{\mathrm{c}} = 0.9; h_{\mathrm{MEY}} \approx 0.5528$．

その収穫率を超える収穫は，収益を下げる結果となります．生物資源管理の分野では，収益を最大化するこの収穫率 h_{MEY} による収量は**最大経済収穫量**（MEY; Maximum Economic Yield）と呼ばれます．そして，h_{MEY} を超える収穫率による収穫作業は，**経済的乱獲**と呼ばれます．今考えている個体群ダイナミクスモデル (2.31) についての平衡状態における最大経済収穫量 $Y^*(h_{\mathrm{MEY}})$ は，次式によって与えられます．

$$Y^*(h_{\mathrm{MEY}}) = h_{\mathrm{MEY}}\Big(\mathcal{R}_0 - \frac{1}{1 - h_{\mathrm{MEY}}}\Big)\alpha$$
$$= \Big(1 - \frac{1}{\sqrt{\mathcal{R}_0 - \eta/(p\alpha)}}\Big)\Big(\mathcal{R}_0 - \sqrt{\mathcal{R}_0 - \frac{\eta}{p\alpha}}\Big)\alpha \quad (2.34)$$

さらに，大きすぎる収穫率 $(h > h_{\mathrm{s}})$ による収穫作業では，集団が維持される（絶滅には向かわない）としても，収益が赤字になります．これは，大きすぎる収穫率により平衡状態における個体数 (a^*) が小さくなりすぎるために，収穫にかかるコストに比して収入が低くなり生じる赤字と考えられます．

上記の解析結果に基づいて，個体群ダイナミクスモデル (2.31)

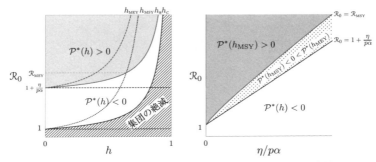

図 2.32　個体群ダイナミクスモデル (2.31) についての平衡状態における収益 $\mathcal{P}^*(h)$ の
パラメータ依存性.

　の平衡状態における収益 $\mathcal{P}^*(h)$ に関する特性は，図 2.32 のよう
にまとめることができます．図 2.32 にも明示されているように，
$h_{\mathrm{MEY}} < h_{\mathrm{MSY}} < h_c$ が数学的に必ず成り立ちます．よって，最大持
続収穫量 $Y^*(h_{\mathrm{MSY}})$ を実現する収穫率 h_{MSY} による収穫作業は，経済
的乱獲といえます．つまり，収穫率 h_{MSY} による収穫作業は，平衡
状態における収量 Y^* を最大化するのですが，収益 $\mathcal{P}^*$ の最大化には
なっていません．ところが，収量は収穫作業の目にみえる「成果」
であり，ややもすれば，より多くの収量が収穫作業のより優れた成
果のようにみなされそうです．収益最大化の面から考えると，必ず
しもそれは正しくないことを示唆する結果です．
　もしも，収穫作業が収量の最大化を目標に続けられるならば
$(h \to h_{\mathrm{MSY}})$，個体群ダイナミクスモデル (2.31) については，上記
の結果により，生物集団の絶滅は起こらない（あるいは，起こりに
くい）と考えられ，持続して資源として利用できる可能性はあり
ますが，収益が赤字に転ずる場合 $(\mathcal{P}^*(h_{\mathrm{MSY}}) < 0)$ が起こり得ます．
個体群ダイナミクスモデル (2.31) については，それは，条件

$$\frac{\eta}{p\alpha} < \sqrt{\mathcal{R}_0}(\sqrt{\mathcal{R}_0} - 1)$$

すなわち,

$$\mathcal{R}_0 < \mathcal{R}_{\mathrm{MSY}} := \frac{1}{4}\left(1 + \sqrt{1 + \frac{4\eta}{p\alpha}}\right)^2 \qquad (2.35)$$

が満たされる場合です.逆に,条件 $\mathcal{R}_0 > \mathcal{R}_{\mathrm{MSY}}$ が満たされている場合ならば,収量の最大化を目標に続けられる収穫作業は,収益を上げる ($\mathcal{P}^*(h_{\mathrm{MSY}}) > 0$) 持続的資源利用となります.

　総じて,収量の最大化を目標に続けられる収穫作業により収益を上げる持続的資源利用が可能になるためには,以下の3つの条件が必要であることが条件 (2.35) からも明らかです.

　　i) 生物集団の純増殖率 $\mathcal{R}_0$ が十分に大きい.

　　ii) 収穫作業にかかるコストが十分に小さい(十分小さな η).

　　iii) 収穫物あたりの収入が十分に大きい(十分大きな p).

純増殖率は,生物集団に固有の特性ですが,対象としている生物の生息環境の保全や,たとえば,人工孵化などの人的な繁殖介入による個体数の高レベル化などによって,生物資源としての持続利用可能性を高くすることは可能でしょう.また,収穫作業にかかるコストについては,作業技術の改善や革新によって下がります.収穫物あたりの収入については,収穫から商品化までの商業過程の効率化,収穫後の付加価値などによって上がることが期待できます.これらのことからも,生物資源の持続的利用のためには,生物学,農林水産学,工学,経済学などの融合した総合科学的な取り組みが必要といえるでしょう.

■**リッカー型モデルの場合**　さて，ここまでは，漸化式 (2.30) にお
けるつがいあたり産仔数 m に対する密度効果関数として，2.1 節で
述べたベバートン・ホルトモデル (2.3)($\theta = 1$) のそれと同じ (2.2)
を導入した個体群ダイナミクスモデル (2.31) について考えてきま
した．2.1 節の内容から明らかなように，個体群ダイナミクスの特
性は，密度効果の特徴に強く依存します．

　はたして，2.1 節で述べたリッカー型のつがいあたり産仔数 m に
対する密度効果関数 (2.4) を漸化式 (2.30) に導入した個体群ダイナ
ミクスモデル

$$a_{n+1} = \mathcal{R}_0(1-h)a_n e^{-\gamma(1-h)a_n} \tag{2.36}$$

では，以下で述べるように，上記の個体群ダイナミクスモデル
(2.31) と異なる面白い特性が現れます．

　漸化式 (2.36) による削減/間引きの効果の下での個体群ダイナミ
クスの基本的特性は，やはり，2.1 節で述べたリッカーモデル (2.5)
による個体群ダイナミクスの基本的な特性に準じます．

- $h \geqq h_c := 1 - 1/\mathcal{R}_0$ ならば，集団は単調に絶滅に向かう．
- $1 - e/\mathcal{R}_0 \leqq h < h_c$ ならば，時間経過とともに，個体数 a_n
  は，$a^* := \log\{(1-h)\mathcal{R}_0\}/\{\gamma(1-h)\}$ に単調に漸近する．
- $1 - e^2/\mathcal{R}_0 \leqq h < 1 - e/\mathcal{R}_0$ ならば，時間経過とともに，個体
  数 a_n は，a^* に減衰振動を伴って漸近する．
- $h < 1 - e^2/\mathcal{R}_0$ ならば，個体数 a_n は，特定の 1 つの値に漸近
  することなく，変動し続ける．

　そして，図 2.33 が示すように，$n \to \infty$ における個体数について，
以下の性質を導くことができます．

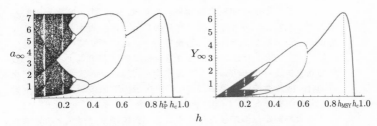

図 2.33　個体群ダイナミクスモデル (2.36) についての分岐図. 分岐パラメータ h に対する数値計算. $Y_\infty := ha_\infty$; $\mathcal{R}_0 = 20.0$; $\gamma = 1.0$. 図中, $h_\mathrm{P}^* \approx 0.8641$; $h_\mathrm{c} = 0.95$; $h_\mathrm{MSY} \approx 0.8795$.

- $1 < \mathcal{R}_0 \leqq e \approx 2.71828$ ならば, 時間経過とともに, 個体数 a_n は a^* に単調に漸近し, a^* の値は h の値に対して単調減少である.

- $\mathcal{R}_0 > e$ ならば, $n \to \infty$ における個体数の上限値 (最大値) が

$$h = h_\mathrm{P}^* := 1 - \frac{e}{\mathcal{R}_0} \tag{2.37}$$

において最大となる. $h = h_\mathrm{P}^*$ におけるこの最大個体数は, 個体数 a_n が a^* に単調に漸近する場合に実現し, a^* の最大値である.

前出の個体群ダイナミクスモデル (2.31) では, $n \to \infty$ における個体数は, 図 2.30 が示すように, 削減率 h に対して単調減少であったのに対して, 今考えているモデル (2.36) では, 削減/間引きによって集団の個体数が最大化される可能性が現れます.

削減/間引きが害虫集団に対する農薬散布の場合には, この可能性は, 害虫防除の問題における**誘導多発生** (リサージェンス) の機序の 1 つと理解することもできます. 様々な農薬が害虫防除に使われ

ますが，散布開始後初期のみ効果がみられ，後に害虫密度がむしろ増大する場合があります．害虫防除の目的とは矛盾するこのような現象が，誘導多発生と呼ばれる現象です．広い意味での誘導多発生としては，たとえば，害虫における農薬抵抗性が出現する場合や農薬の効果によって害虫の餌となる作物が害虫にとってより好適になる場合，亜致死濃度の農薬によって，害虫の増殖率が生理的に上昇する場合があります．一方，個体群ダイナミクスモデル (2.36) では，これらの特別な原因が存在しなくとも，密度効果のバランスによって誘導多発生現象が生起し得る可能性が示唆されています．

削減/間引きが生物資源の収穫である場合には，個体群ダイナミクスモデル (2.36) についての収量 $Y_n(h) := ha_n$ の $n \to \infty$ における値 $Y_\infty(h)$ について，次の性質を導くことができます（図 2.33 参照）．

- $n \to \infty$ における収量 $Y_\infty(h)$ の上限値（最大値）が最大となる収穫率 $h = h_{\mathrm{MSY}}$ は，$\mathcal{R}_0 > 1$ に対して，方程式

$$\log\left\{(1 - h_{\mathrm{MSY}})\mathcal{R}_0\right\} - h_{\mathrm{MSY}} = 0$$

を満たす唯一の正の解として定まる．

- $h_{\mathrm{MSY}} > h_{\mathrm{p}}^*$ が常に成り立つ．そして，$n \to \infty$ における収量を最大化する収穫率 $h = h_{\mathrm{MSY}}$ に対しては，個体数 a_n が平衡状態 (a^*) に単調に漸近する．

さらに，収穫率 h の下での収穫作業あたりの収益 $\mathcal{P}_n(h)$ については，$n \to \infty$ における値 $\mathcal{P}_\infty(h)$ に，図 2.34 が例示するような特徴がみられます．ある特定の範囲の収穫率に対してのみ収益が得られ，その範囲より大きな，あるいは，小さな収益では赤字になる場合が起こり得るのです．ある値以下の収穫率 ($h < h_{\mathrm{s}}$) に対しては必ず収益が得られたベバートン・ホルト型の密度効果関数による個体群

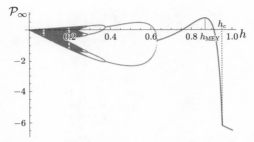

図 2.34　個体群ダイナミクスモデル (2.36) についての収益 $\mathcal{P}_\infty(h)$ の分岐図の例. $\mathcal{R}_0 = 20.0; \gamma = 1.0; p = 1.0; \eta = 6.5$. 図中, $h_c = 0.95; h_{\mathrm{MEY}} \approx 0.8665$.

ダイナミクスモデル (2.31) の場合とは異なる性質です.

　個体群ダイナミクスモデル (2.36) が平衡状態に至る ($a_n \to a^*$) 場合の平衡状態における収益

$$\mathcal{P}^*(h) := pY^*(h) - \eta h = \frac{ph}{\gamma}\left[\frac{1}{1-h}\log\left\{(1-h)\mathcal{R}_0\right\} - \frac{\gamma\eta}{p}\right] \tag{2.38}$$

を詳しく解析すれば, 図 2.35 の示す結果が得られます. そして, 収益 $\mathcal{P}^*(h)$ を最大にする収穫率 $h = h_{\mathrm{MEY}}$ は, 次の方程式を満たす $1 - \gamma\eta/p$ より大きな解で与えられます.

$$\log\left\{(1-h_{\mathrm{MEY}})\mathcal{R}_0\right\} - h_{\mathrm{MEY}} - \frac{\gamma\eta}{p}(1-h_{\mathrm{MEY}})^2 = 0$$

平衡状態における収益 $\mathcal{P}^*(h)$ が正となり得る収穫率 h があるときには, 収益 $\mathcal{P}^*(h)$ は上記の収穫率 $h = h_{\mathrm{MEY}}$ において最大となります. 一方, 個体数が振動し続ける場合には, $n \to \infty$ における収益 $\mathcal{P}_\infty(h)$ も振動しますから, 商業的には不安定と考えられ, この理由で, 個体数が振動し続けるような収穫率 h による収穫は好ましくないといえます. そもそも, 振動する収益の上限値 (最大値) は,

100

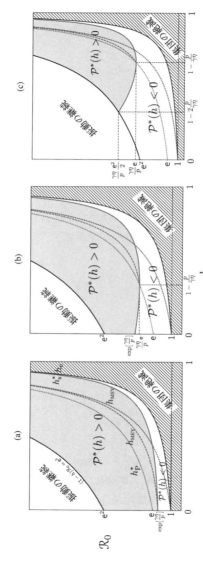

図 2.35 個体群ダイナミクスモデル (2.36) についての平衡状態における収益 $\mathcal{P}^*(h)$ のパラメータ依存性. (a) $\gamma\eta/p \leqq 1$; (b) $1 < \gamma\eta/p < 2$; (c) $\gamma\eta/p \geqq 2$ (図は $\gamma\eta/p > e$ の場合).

$\mathcal{P}^*(h_{\mathrm{MEY}})$ を超えません（図 2.34 参照）から，収穫率 $h = h_{\mathrm{MEY}}$ は，$n \to \infty$ における収益 $\mathcal{P}_\infty(h)$ についても，収益を最大化する収穫値と考えてよいでしょう．

個体群ダイナミクスモデル (2.36) において現れた削減/間引き率 h についての複数の特性値の間には，大小関係 $h_{\mathrm{p}}^* < h_{\mathrm{MEY}} < h_{\mathrm{MSY}} < h_c$ が成り立ちます（図 2.35 参照）．先の個体群ダイナミクスモデル (2.31) の場合には存在しなかった特性値 h_{p}^* は最も小さく，このことから，削減/間引き操作が集団の保全を目的とし，個体数を高いレベルに誘導することを目標とするのであれば，収穫量や収益の最大化を目的とする場合に比べて，より弱い削減/間引き操作が適切ということになります．逆に，収穫量や収益を最大にすることを目的とした収穫作業では，必ず，可能な最大の大きさより集団を小さくしてしまいます．

2つの個体群ダイナミクスモデル (2.31) と (2.36) のいずれの場合でも，純増殖率 $\mathcal{R}_0$ が十分に大きければ，h_{MEY} と h_{MSY} の値の差は相当に小さくなり，個体群ダイナミクスモデル (2.36) では，h_{p}^* の値とそれらの差も相当に小さくなります．つまり，十分に高い繁殖力をもつ生物集団については，単純に，収穫量を最大にすることを目指して収穫を続けることが，収益の最大化や集団の保全にとっても（ほぼ）有効であるということになります．対して，繁殖力が低い生物集団については，それらの差が相応にありますから，資源としての利用に関する論議を呼ぶことがあるでしょう．

　　生物資源管理の問題については，常微分方程式による個体群ダイナミクスモデルを元にした理論の歴史も長く，たとえば，赤嶺達郎『水産資源解析の基礎』恒星社厚生閣 (2007)，能勢幸雄ほか『水産資源学』東京大学出版会 (1988)，C.W. クラーク『生物経済学——生きた資源の最適管理の数理』(竹内啓・柳田英二（訳)) 啓明社 (1983)

に詳しい解説があります．関連する理論的取り扱いに触れている生態学の入門書としては，日本生態学会（編）『人間活動と生態系（シリーズ現代の生態学3)』共立出版(2015)，大串隆之ほか（編）『新たな保全と管理を考える（シリーズ群集生態学6)』京都大学学術出版会(2009)があります．なお，文献における用語については，20世紀末からの生物資源管理における議論・研究の発展に伴い，より合理的な適用のために，現在は定義が変遷しているものもありますから，注意が必要です．

感染症の伝染

　本章では，前章まで扱ってきたねずみ算モデルの延長により，
（集団を成す個体数に比して）致死性の無視できる感染症の伝染ダ
イナミクスの数理モデルを考えていきます．ここで，感染症とは，
いわゆる伝染病を含みますが，パニックや恐怖のような心理状態の
「伝染」を含めた広い意味で考えることもできます．さらに，何ら
かの中毒（薬物，アルコール，ギャンブル，ゲームなど）までを含
める見方も可能です．また，必ずしも人間の感染症を考える必要も
ありません．動物や植物の感染症を考えることも可能です．

　感染症の伝染過程には，**水平感染**と**垂直感染**がありますが，本章
で考えるのは水平感染による感染症の伝染ダイナミクスです．水平
感染は，同時同空間に存在する異なる個体間での感染症の伝染を指
します．垂直感染は，狭い意味では，感染状態の母親から子への出
生時点での感染を指しますが，広い意味では，親世代から子世代へ
の親子関係を介する感染症の伝染（継承）を指します．

　本章では，感染症が集団に初めて出現した後の水平感染による感

染症の拡がりに着目します．その感染拡大過程の時間スケールにおいて，集団を成す総個体数の増減は無視できるものとし，定数 N とします．感染個体が集団中に初めて出現した日から数えて k 日目の初めにおける（感染可能な）非感染個体数を S_k，（伝染力を保有する）感染個体数を I_k，（感染後に）免疫を獲得した個体数を R_k と表します．集団を成す個体数 N の増減は無視できるという仮定により，k によらず，$S_k + I_k + R_k = N$ が成り立ちます．

　一般的には，この数理モデリングにおける R で表される状態については，免疫を獲得した状態には限りません．記号 R の慣用的使用は，英語 Recovered や Recovery の頭文字として説明されることが多いのですが，元来，R は，Removed や Removal の頭文字として理解する方がより適切といえます．状態 R にある個体は，感染症に感染することも，他個体に感染症を伝染させることもない個体と定義されます．この意味で，感染症伝染ダイナミクスから離脱した（removed）状態，つまり，感染症の感染経路と無関係な状態を R によって表しています．したがって，免疫を獲得する以外のケースとして，たとえば，致死性の高い感染症の場合，一般に，R は死亡した状態を表し，R の値は累計死亡個体数を意味します．また，感染症の致死性が十分に低く，感染の（組織的検査の実施などにより）検出効率が高い場合には，R は，隔離されたり，病院へ入院した状態を表します．この場合，状態 R にある個体は，必ずしも「回復した」状態ではありませんが，感染症伝染ダイナミクスにはかかわらない状態にあると考えるのが合理的です．実は，状態 R が免疫獲得状態を指すわけではないこれらの場合には，数理モデリングの合理性から，以降記述する数理モデリングが異なってくる場合がありますが，本書では，そこまで踏み込んだ議論には触れません．

3.1 基礎モデリング

　まず，集団中の個体が 1 日のうちに感染症の感染経路と接触する（病原体と接触し得る機会をもつ）「延べ」回数が j 回である確率を

$P(j)$ で表します．この確率は，性感染症や皮膚感染症の場合には，一般に，他個体との直接接触の頻度によって決まります．また，マラリアやデング熱，松枯れ病の場合には，病原虫やウィルスをもつ蚊，カミキリムシといった病原体媒介者との接触の頻度によって決まりますし，インフルエンザのように飛沫感染[1] が感染経路の主因になる場合には，（必ずしも感染者との接触頻度ではなく）ウィルスを含む飛沫，もしくは，その飛沫に汚染された物体への接触頻度によって決まります．

　確率 $P(j)$ は，感染症への感染が起こり得るか否かを与える確率ではないことに注意してください．感染経路と接触することがあっても，接触した経路に病原体が不在なら感染は起こりません．しかし，感染症への感染の可能性は，集団中における非感染個体の生活様式や行動特性に強く依存するため，感染経路と接触する頻度を考えることは重要です．

　　ほとんどの感染症伝染ダイナミクスモデルは微分方程式によって構築され，大抵の数理生物学や数理疫学の書籍でも，もっぱら微分方程式による数理モデルのみが取り上げられます．数理モデリングの説明や解釈は，大まかには本章の枠組みと同様ですが，通例，人間の感染症伝染ダイナミクスについては，他人との接触頻度を使って説明されます．このことが，ときに，感染症伝染ダイナミクスについての誤解を生み得ます．感染症の伝染ダイナミクスの本質は，非感染者と感染者の接触ではなく，非感染者と病原体の接触です．感染者不在の状態においても，非感染者の感染可能性はあり，それを無視できない状況もあり得ることが無視されることが少なくありません．COVID-19 や，ノロウィルスなどによる感染性胃腸炎などのように，飛沫による汚染物への接触が高い感染性をもつ場合には，汚染物の病原体濃度は，集団中の感染者数（密度）に依存して決まる

---

[1] ここでは，飛沫感染を，エアロゾル感染（呼気に含まれる浮遊病原体による感染）も含めた広い意味で用いています．

と考えられますが，このことは，人と人との接触頻度とは必ずしも相関があるとはいえません．この観点から考えれば，手指消毒や，帰宅時に衣類を洗濯に回すことが感染予防に有効であることが理解できます．また，感染性胃腸炎について，感染者の吐瀉物や衣類の取り扱いに細心の注意が必要であることは，現在よく知られた感染予防対策でしょう．

　他人との接触頻度の文脈における数理モデリングの記述は，イメージをつかみやすく，わかりやすいのですが，本書では，あえて，感染症伝染ダイナミクスの本質である非感染者と病原体の接触頻度の文脈で数理モデリングを記します．ただし，非感染者と病原体の接触頻度についての定量的なデータを得ることは困難であるのに対し，人と人との接触頻度については，今日，ビッグデータを利用した統計的な評価が可能になりつつありますから，取り上げやすいことは事実ではあります．

　1日のうちの感染経路との接触回数の期待数 $\langle \pi \rangle$ は，$\langle \pi \rangle = \sum_{j=0}^{\infty} jP(j)$ で与えられます．そこで，さらに，1日で感染経路と j 回接触した場合，そのうち，ϕ_k の割合が病原体との接触であったと期待されるならば，k 日目において感染症に感染する可能性のある感染経路との接触の期待数は，次式によって与えられます．

$$\sum_{j=0}^{\infty} \phi_k jP(j) = \phi_k \langle \pi \rangle$$

　ϕ_k は，k 日目において，感染経路との接触1回が感染症感染の可能性をもつ確率と考えることができます．ϕ_k は，一般に，集団内の感染個体数 I_k に依存するでしょう．集団内に感染個体が多ければ多いほど，感染経路が病原体に汚染されている可能性は大きく，感染経路にある病原体の濃度は，一般に，病原体を生産する主体となる感染個体数に正の相関をもつと考えられます．たとえば，病原体と接触し得る機会が飛沫への接触機会であるとすると，飛沫が病原体を含む確率が ϕ_k であり，その確率は，集団内における感染個

体の割合が高くなるほど大きくなるでしょう．確率 ϕ_k の感染個体数 I_k への依存性は，個体の行動様式，感染症の感染経路の特性にも強く依存すると考えられます．たとえば，飛沫感染予防としてマスク使用が普及すれば，その依存性は弱くなります．

> 一般には，確率 $P(j)$ も感染個体数に依存すると考えることもできます．集団内の感染個体数が増えるにつれて，感染症伝染状況が情報として成員内に伝達され，個体の行動様式が変容する可能性があるからです．本書では，感染症伝染ダイナミクスに対するそのような社会応答の影響についての数理モデリングにまでは踏み込まず，単純な基礎モデルについてのみ取り上げます．人間集団における感染症伝染ダイナミクスについては，社会応答が重要な要素ですから，理論的な研究にとって興味深い課題が少なくありません．

次に，k 日目の1日の間に，感染の可能性のある感染経路と ℓ 回接触した非感染個体が感染から免れる確率を $(1-\beta)^\ell$ で与えます（$0 < \beta < 1$）．パラメータ β は，感染の可能性のある感染経路との1回の接触において，非感染個体が感染症に感染する確率です．そして，前記の仮定により，非感染個体が k 日目に感染経路と j 回接触したとき，そのうち，ℓ 回が感染の可能性をもつ接触である確率は，

$$\binom{j}{\ell} \phi_k^\ell (1-\phi_k)^{j-\ell} = \frac{j!}{\ell!(j-\ell)!} \phi_k^\ell (1-\phi_k)^{j-\ell}$$

で与えられますから，感染から免れる確率は，

108

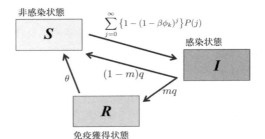

図 3.1 感染症伝染ダイナミクスモデル (3.1-3.3) における個体の状態遷移図.

$$\sum_{\ell=0}^{j}(1-\beta)^{\ell}\left(\begin{array}{c}j\\\ell\end{array}\right)\phi_k^{\ell}(1-\phi_k)^{j-\ell}$$

$$=\sum_{\ell=0}^{j}\left(\begin{array}{c}j\\\ell\end{array}\right)\left\{\frac{\phi_k}{1-\phi_k}(1-\beta)\right\}^{\ell}(1-\phi_k)^j$$

$$=\left\{\frac{\phi_k}{1-\phi_k}(1-\beta)+1\right\}^j(1-\phi_k)^j=\left(1-\beta\phi_k\right)^j$$

となります. よって, この場合の感染確率は, $1-\left(1-\beta\phi_k\right)^j$ です.

以上の仮定と設定により, 感染症の伝染ダイナミクスによる非感染個体数 S_k, 感染個体数 I_k, 免疫保有個体数 R_k の日変動を与える次の数理モデルが導かれます (図 3.1).

$$S_{k+1}=\sum_{j=0}^{\infty}(1-\beta\phi_k)^jP(j)S_k+(1-m)qI_k+\theta R_k \tag{3.1}$$

$$I_{k+1}=\sum_{j=0}^{\infty}\left\{1-(1-\beta\phi_k)^j\right\}P(j)S_k+(1-q)I_k \tag{3.2}$$

$$R_{k+1}=mqI_k+(1-\theta)R_k \tag{3.3}$$

最初の仮定に従って, 任意の k について $S_k+I_k+R_k=N$ が成り立ちます. $q\,(0<q\leqq1)$ は, 感染個体が 1 日のうちに回復し, 感染力

を失う確率です．そして，$m(0 \leqq m \leqq 1)$ は，回復した個体の免疫
獲得確率です．$m = 0$ は，回復による免疫獲得がない場合，$m = 1$
は，回復した個体が必ず免疫を獲得する場合です．免疫を獲得した
回復個体は，感染症に感染することはないので，伝染ダイナミクス
からは除外されます．一方，免疫を獲得できなかった回復個体は，
（再）感染可能な，非感染個体と同じ状態に戻ります．

　さらに，免疫獲得個体が1日のうちに免疫を失い，感染可能な状
態に戻る免疫失活確率を $\theta(0 \leqq \theta < 1)$ で導入してあります．免疫
失活確率が0，すなわち，$\theta = 0$ の場合には，少なくともこの数理
モデルが対象としている感染症伝染ダイナミクスの時間スケール
では，獲得された免疫が失活することはなく，永久免疫に相当しま
す．

3.2　感染症の侵入成功条件

　数理モデル（3.1-3.3）で与えられる感染症伝染ダイナミクスにつ
いて，集団への感染症の侵入が成功する条件を考えます．感染症の
侵入成功とは，集団中にほんのわずかな感染個体が出現した後に感
染個体数が増加することを意味します．感染症の集団への侵入が成
功した場合には，感染症出現後に感染個体数が増加し，感染流行が
始まると期待できます．本節では，数理モデル（3.1-3.3）について，
感染症侵入成功条件を数学的に導きます．

　感染症が集団中に出現した日 $k = 0$ の初期感染個体数 I_0 がほん
のわずかであることは，数学的には，条件 $I_0 \ll N$ を仮定するこ
とに対応します．感染症が出現した日ですから，免疫獲得者はいな
いものとし，$R_0 = 0$ とします[2]．よって，非感染個体数はほぼ全個

---

[2]　感染症予防施策としてのワクチン接種が事前に行われていた場合や，咋シーズンの

体数に等しいと考えます．つまり，$S_0 \approx N$ です．さらに，感染個
体数が相当に小さいことにより，自然な仮定として，感染経路が
感染症感染の可能性をもつ確率 ϕ_0 の値もかなり小さいと考えるこ
とができます．つまり，$\phi_0 \ll 1$ であるとします．これらの仮定の
下，以下では，上記の感染症の侵入成功の意味に基づいて，数学的
に，$I_1 > I_0$ となる条件を考えます．

式 (3.2) から，ϕ_0 に関するテイラー展開を適用することにより，

$$I_1 = \sum_{j=0}^{\infty} \{1 - (1 - \beta\phi_0)^j\} P(j) S_0 + (1-q) I_0$$
$$= \sum_{j=0}^{\infty} j\beta\phi_0 P(j)(N - I_0) + \mathrm{o}(\phi_0) + (1-q) I_0 \tag{3.4}$$

が得られます．$\mathrm{o}(\phi_0)$ は，ϕ_0 について 2 次以上の項を表します．さ
らに，ここで，ϕ_k は I_k の十分に滑らかな関数 $\phi_k = \Phi(I_k)$ である
として，テイラー展開を適用します．

$$\phi_0 = \Phi(I_0) = \Phi(0) + \Phi'(0) I_0 + \mathrm{o}(I_0) \tag{3.5}$$

ここで，

$$\Phi'(0) = \left.\frac{d\Phi(I)}{dI}\right|_{I=0}$$

であり，$\mathrm{o}(I_0)$ は，I_0 について 2 次以上の項を表します．感染経路
との接触 1 回が感染症感染の可能性をもつ確率 ϕ_k を与える関数
$\Phi(I_k)$ は，$\Phi(0) = 0$ を満たすものとします．感染個体が不在な状
態 ($I_k = 0$) では，感染経路に病原体は存在しないとする仮定です．
また，確率 ϕ_k は，一般に，集団内の感染個体数 I_k に正の相関をも

感染症流行による有効な免疫獲得個体が残存する場合には，$R_0 > 0$ の場合もあり
得ますが，ここでは，そのような場合は考えないでおきます．

つと考えられますから，$\Phi'(0) > 0$ と仮定することにします[3].

> 病原体が，宿主外環境，つまり，病原体が感染する対象の外でも
> 活性をもった状態で十分に長い期間存在し続けられる場合には，
> $\Phi(0) > 0$ を仮定することも可能です．つまり，感染個体が不在で
> あっても，環境中に潜んでいる病原体により，非感染個体が感染す
> る可能性があります．また，3.1 節で触れたように，感染症の伝染
> が昆虫などの媒介者に依存する場合には，ϕ_k は，感染個体数に直接
> 依存するのではなく，病原体をもつ媒介者[4]の個体数（密度）に依
> 存します．このため，集団中の感染個体が不在であっても，病原体
> をもつ媒介者が存在すれば，やはり，非感染個体が感染する可能性
> があります．そのような感染症伝染ダイナミクスに対しては，仮定
> $\Phi(0) = 0$ に基づく以下の議論は，大幅に改める必要があります．

式 (3.5) を (3.4) に代入すれば，

$$I_1 = \left\{ \beta \sum_{j=0}^{\infty} jP(j)\Phi'(0)N + (1-q) \right\} I_0 + \mathrm{o}(I_0)$$
$$= \{ \beta \langle \pi \rangle \Phi'(0)N + (1-q) \} I_0 + \mathrm{o}(I_0) \tag{3.6}$$

が得られます[5]．ここで，$\langle \pi \rangle$ は，非感染個体あたりが 1 日のうち
に感染経路に接触する期待回数でした．

　したがって，感染症の侵入が成功する条件，$I_1 > I_0$ であるため
の条件として，$\beta \langle \pi \rangle \Phi'(0)N + 1 - q > 1$，すなわち，

$$\frac{\beta \langle \pi \rangle \Phi'(0)}{q} N > 1 \tag{3.7}$$

が得られます．条件 (3.7) が成り立てば，集団への感染症の侵入が

---

3) 数学的には，$\Phi'(0) = 0$ も可能ですが，$\Phi'(0) = 0$ の場合は，以降の議論は適用で
きず，別の扱いが必要となります．ここでは，そのような場合についての議論にま
では触れません．

4) 媒介者が昆虫の場合，すべての個体が病原体をもつわけではありません．

5) 式 (3.5) から，$\mathrm{o}(\phi_0)$ を $\mathrm{o}(I_0)$ と表し直しています．

成功します. 感染症の感染力が十分に強い場合（β 大）, 感染状態が十分に長く持続する感染症の場合（q 小）, 集団における個体の移動性が高く, 感染経路への接触頻度が大きい場合（$\langle\pi\rangle$ 大）に感染流行が始まると期待できることに, この条件は合っていることがわかります.

3.3　感染個体再生産数

　ある条件下での「1 感染個体が感染力を失うまでに感染させた非感染個体数の期待値」, つまり, 「1 感染個体から再生産される新しい感染個体の期待数」は, その条件下での感染症伝染ダイナミクスによる感染拡大傾向の指標になります. あくまでも, 特定の 1 感染個体についての期待値ではなく, その条件下で存在する感染個体を含む集団全体に対する指標として定義されるものなので, 感染拡大傾向に関して, 着目している状況を測る指標といえます.

　この一般的な概念を数学的な定義で表現するためには, さらに詳細を与えなければなりません. その 1 つが「1 感染個体が感染力を失うまでに非感染個体とのみ接触したとする場合に, 感染させた非感染個体数の期待値」として定義される**基本再生産数**です. どのような感染症伝染ダイナミクスにおいても, 感染個体が非感染個体とのみ接触するという条件は確率的にしか成り立ちませんから, 基本再生産数は, 感染症伝染ダイナミクス下において, 「1 感染個体が感染力を失うまでに感染させた非感染個体数の期待値」の上限値として理解できます. または, 「感染症伝染ダイナミクスが最大限の効率で新たな感染個体を生み出す条件の下で, 1 感染個体が感染力を失うまでに感染させた非感染個体数の期待値」ということもできるでしょう. 実際の感染症伝染ダイナミクス下では, 感染個体が感染力を失うまでの時間において, その感染個体によって感染状態に

なった個体が現れるので，非感染個体とのみ接触するという条件
は，時間経過とともに成り立ち難くなっていきます.

> この基本再生産数は，1.5 節で定義した純増殖率（p. 17）と本質的に
> 同じ概念を感染症伝染ダイナミクスに当てはめたものとみることも
> できます. 親が（次世代の親となる）子を産み，その親は死亡によ
> り消えてゆくという過程と，感染個体が新たな感染個体を生み，元
> の感染個体は感染力を失って，免疫を獲得し，感染症伝染ダイナミ
> クスから外れるという過程の類似性があるためです. ただし，感染
> 症伝染ダイナミクスの場合には，既存の非感染個体からのみ感染個
> 体が生まれるため，新たな感染個体の産生は，既存の非感染個体数
> に依存します.

　感染症伝染ダイナミクスモデル (3.1-3.3) に対する基本再生産数
を導出する上では，上記の通り，「1 感染個体が感染力を失うまで
に感染させた非感染個体数の期待値」の上限値を考える必要があり
ます. k 日目において生まれる新たな感染個体数は，式 (3.2) から，

$$\sum_{j=0}^{\infty} \{1 - (1 - \beta\phi_k)^j\} P(j) S_k$$

で与えられており，「最大限の感染症伝染の効率（非感染個体との
み接触したとした場合）」に相当する状況を考えるために，$S_k \approx N$
を考える必要があります. このことは同時に，$I_k \ll N$ の仮定の
下で考えることを意味します. また，新たに生み出される感染個体
数の上限値を考えるために，$R_k = 0$ として考える必要もあります.
これらの仮定は，すでに 3.2 節で用いたものと同等です. すると，
式 (3.6) が与える結果から，

$$\sum_{j=0}^{\infty} \{1 - (1 - \beta\phi_k)^j\} P(j) S_k = \beta\langle\pi\rangle\Phi'(0)NI_k + o(I_k)$$

が得られます. よって，1 感染個体あたりに 1 日のうちに生み出さ
れる新たな感染個体の期待数が，$\beta\langle\pi\rangle\Phi'(0)N$ によって与えられる

と考えることができます．この期待数は k に依存していません．

さて，感染個体が1日のうちに感染力を失う確率は q で与えられています．ℓ 日目に感染力を失った感染個体は，翌日，$\ell+1$ 日目に，そのうち m の割合が免疫獲得個体に，$1-m$ の割合が免疫を獲得できずに（再）感染可能な個体（非感染個体と同等）になります．つまり，ℓ 日目に感染力を失った感染個体は，ℓ 日目には感染個体として行動していた個体であることに注意します．よって，n 日目に感染状態にある個体が $n+1$ 日目に感染力を失う確率は $(1-q)q$，$n+2$ 日目に感染力を失う確率は，$n+1$ 日目は感染力を維持していなければならないので，$(1-q)^2q$ となります．同様にして，$n+k$ 日目に感染力を失う確率は，$(1-q)^kq$ となります．言い換えれば，n 日目に感染状態にある個体が n 日目から $k+1$ 日間，感染状態を継続し，$k+2$ 日目からは感染力をもたない状態になる確率が $(1-q)^kq$ です．すると，n 日目に感染状態にある個体がその日を含めて，以後，感染状態を継続する日数の期待値は，期待値計算により，以下のように得られます[6]．

$$\sum_{k=0}^{\infty}(k+1)(1-q)^kq = \frac{1}{q} \qquad (3.8)$$

この感染状態継続日数の期待値も n に依存していません．つまり，感染症伝染ダイナミクスモデル (3.1-3.3) においては，どの日における感染個体も，その日以降で感染状態を継続する日数の期待値は同じです．いつ非感染個体から感染個体になったかに依存しません．別の見方をすれば，このことは，伝染ダイナミクスへの寄与について，各日の感染個体は同等であるということです．

---

[6] この期待値計算は，1.5 節における平均寿命の計算と同じ考え方になっています．計算そのものは，等比数列の和の応用で遂行できます．

　感染してからの経過日数が多いほど回復の可能性が高いのではない
かと思う読者は少なくないのではないでしょうか. たしかに, 人間
の場合のように, 感染後, 免疫系による応答が進むことによって回
復の可能性が高くなる場合には, 感染してからの経過日数が多くな
るほど回復の程度が進み, 伝染ダイナミクスへの寄与は小さくなる
と考えることができます. このことは, そのような感染個体による
新たな感染個体の産生の効率が低くなることを意味しています. 感
染後の経過日数に依存して感染力が変化するような感染症伝染の場
合には, 基本再生産数の理論的導出においても, 各感染個体の感染
後の経過日数である「感染齢」を考慮に入れた議論が必要になりま
す. その場合であっても, 本節の基本再生産数の議論は, そのよう
な感染齢の影響がある場合の「基本再生産数の上限値」の導出とし
て考えることができます.

　現実の感染症においても, 感染状態にある期間は感染個体間で決
して同じではありません. 年齢, 体調などの生理的状態の違いによ
り, 感染後から回復までの期間長は異なります. 上記の議論からわ
かるように, 感染症伝染ダイナミクスモデル (3.1-3.3) では, 感染後
から回復までの期間長の平均値は $1/q$ で与えられますが, 感染状態
を継続する日数は感染個体ごとに異なり, 感染後から回復までの期
間長の分布は, 幾何級数分布になります.

　以上の議論から, 1 感染個体あたりに 1 日のうちに生み出される
新たな感染個体の期待数 $\beta\langle\pi\rangle\Phi'(0)N$ と, 感染状態継続日数の期待
値 $1/q$ の積によって, 数理モデル (3.1-3.3) による感染症伝染ダイ
ナミクスについての基本再生産数 $\mathcal{R}_0$ を定義することができます.

$$\mathcal{R}_0 = \beta\langle\pi\rangle\Phi'(0)N \cdot \frac{1}{q} \tag{3.9}$$

得られた基本再生産数 $\mathcal{R}_0$ が特定の日 (k) に依存していないことに
注意します. つまり, 基本再生産数 $\mathcal{R}_0$ は, 病原体の特性や, 感染
症伝染ダイナミクスの下にある集団の特性によって定まる指標にな
っており, 集団にとってのある感染症伝染の脅威の度合いを表して

いるともいえます.

$\mathcal{R}_0 < 1$ ならば,感染流行は起こりません.「1 感染個体が感染力を失うまでに感染させた非感染個体数の期待値」の上限値 $\mathcal{R}_0$ が 1 より小さいということは,1 感染個体あたりに再生産される新たな感染個体が 1 より小さいということを意味しますから,集団内の感染個体数は減少する状態であることを表します.一方,感染流行が起こるとすれば,$\mathcal{R}_0 > 1$ でなければなりません.感染流行が起こるということは,感染個体数の増加を意味しますから,1 感染個体あたりに再生産される新たな感染個体が 1 より大きくなければならないからです.

前記のように,基本再生産数 $\mathcal{R}_0$ は,「感染症伝染ダイナミクスが最大限の効率で新たな感染個体を生み出す条件の下で,1 感染個体が感染力を失うまでに感染させた非感染個体数の期待値」を意味しますから,実際の感染症伝染ダイナミクスにおける「1 感染個体が感染力を失うまでに感染させた非感染個体数」は,基本再生産数 $\mathcal{R}_0$ より小さくなります.よって,$\mathcal{R}_0 > 1$ だとしても,実際の感染症伝染ダイナミクスにおける「1 感染個体が感染力を失うまでに感染させた非感染個体数」は 1 より小さく,感染個体数が減少することもあり得ると考えるのが合理的です.ただし,感染症伝染ダイナミクスモデル (3.1-3.3) については,条件 $\mathcal{R}_0 > 1$ は,3.2 節で取り上げた感染症の侵入成功条件 (3.7) と一致します.すなわち,$\mathcal{R}_0 > 1$ ならば,集団への感染症の侵入は成功しますから,感染症が集団に出現した後に,感染個体数は増加し,感染流行に向かいます.この理由で,感染症伝染ダイナミクスモデル (3.1-3.3) については,$\mathcal{R}_0 > 1$ ならば,感染流行が起こると考えることができます.

上記の議論における基本再生産数と侵入成功条件の一致性は,3.2 節での感染症の侵入成功条件 (3.7) の導出と,本節での基本再生産数

$\mathcal{R}_0$ の導出における仮定からも予想できたかもしれません. ただし, 考え方が異なることに注意が必要です. また, 基本再生産数 $\mathcal{R}_0$ が 1 より大きいことから, 感染症の侵入が成功し, 感染流行に向かう という考え方は, 新たな病原体の出現による新興感染症の拡がりや, 風土病化した感染症の季節的流行のような場合には当てはまりま すが, 当てはまらない場合も少なからずあります. 西洋人の入植に よる北米原住民集団への病原体侵入やバイオテロリズムによる病原体 拡散, または, 多数の人の恐怖を同時に誘引する何らかの事象によ るパニックのように, 感染症の出現時点での感染個体数が相対的に 大きい場合には, 感染流行の有無については, 基本再生産数 $\mathcal{R}_0$ のみ では議論できません.

各日における感染症伝染状況を示す指標としての再生産数を考え ることもできます. この場合には, 「k 日目と同じ状況が継続する と仮定したときに, k 日目の 1 感染個体が感染力を失うまでに感染 させた非感染個体数の期待値」の上限値により, この指標を定義す ることができます. この再生産数は, **実効再生産数** と呼ばれます. 感染症伝染ダイナミクスモデル (3.1-3.3) においては, k 日目に新 たに感染状態になる個体数は, 式 (3.2) から,

$$\sum_{j=0}^{\infty} \{1 - (1 - \beta\phi_k)^j\} P(j) S_k$$

ですから, k 日目についての実効再生産数 $\mathfrak{R}_k$ を次のように定義で きます.

$$\mathfrak{R}_k := \frac{1}{I_k} \sum_{j=0}^{\infty} \{1 - (1 - \beta\phi_k)^j\} P(j) S_k \cdot \frac{1}{q} \tag{3.10}$$

前記の式 (3.8) で示した通り, k 日目の感染個体についても, k 日 目を含む k 日目以後に感染状態を保持する日数の期待値が $1/q$ で与 えられることを使っています.

定義からもわかるように, 一般に, 実効再生産数 $\mathfrak{R}_k$ は, k 日目

の感染状況に依存して定まる指標なので，感染症伝染ダイナミクスモデル (3.1-3.3) の初期条件が異なれば異なります．より一般的には，実効再生産数 $\mathfrak{R}_k$ は，k 日目までの感染症伝染ダイナミクスの履歴によって異なります．基本再生産数 $\mathcal{R}_0$ と同様に，病原体や集団の特性に依存してはいますが，集団にとってのある感染症伝染の脅威の度合いというよりも，k 日目の感染状況の深刻度を表す指標としての意味をもちます．ここで，「感染状況の深刻度」とは，k 日目の感染状況が翌日以降の感染状況に及ぼす影響を意味しています．k 日目の感染状況が深刻であればあるほど，翌日以降の感染個体数の増加が著しくなることが期待されます．

なお，実効再生産数 $\mathfrak{R}_k$ の式 (3.10) を導出する議論からも推し量ることができるように，極限 $(S_k, I_k) \to (N, 0)$ において，$\mathfrak{R}_k \to \mathcal{R}_0$ が成り立ちます．

3.4 SIR モデル

本節では，感染症伝染ダイナミクスモデル (3.1-3.3) に属する，より具体的で最も単純な数理モデルについて取り上げます．まず，k 日目において，感染経路との接触 1 回が感染症感染の可能性をもつ確率 ϕ_k を次のようにおきます．

$$\phi_k = \Phi(I_k) = \alpha \frac{I_k}{N} \tag{3.11}$$

α は $0 < \alpha \leqq 1$ である定数です．すると，k 日目における感染の可能性のある機会の期待数は $(\alpha I_k/N)\langle \pi \rangle$ で与えられます．

この数理モデリングは，感染症感染のリスクの大きさが集団内の感染個体の割合に比例する（比例定数 α）という仮定をおいたことになります．感染経路となり得るある状況/場所/物/媒介者が病原体に汚染されている可能性や，汚染されている感染経路にある病原

体への接触可能性が，集団内の感染個体の割合に比例して大きくなることになります[7]．マスク使用のような何らかの感染対策が病原体の拡散を抑制する効果があれば，感染経路の病原体汚染の程度を低く保つことができるので，パラメータ α がより小さな値をもつことになります．

感染症伝染ダイナミクスモデル (3.1-3.3) についてのこの数理モデリングにより，$\Phi'(0) = \alpha/N$ ですから，基本再生産数 $\mathcal{R}_0$ は，(3.9) により，

$$\mathcal{R}_0 = \frac{\beta\alpha\langle\pi\rangle}{q} \tag{3.12}$$

で与えられることになります．

次に，集団中の個体が 1 日のうちに感染症の感染経路と接触する（病原体と接触し得る機会をもつ）「延べ」回数が j 回である確率 $P(j)$ については，2.4 節でも用いたポワッソン分布を適用します．(p. 80 図 2.25 参照)

$$P(j) = \frac{\gamma^j e^{-\gamma}}{j!} \quad (j = 0, 1, 2, \ldots) \tag{3.13}$$

ただし，$P(0) = e^{-\gamma}$ です．集団中の個体が 1 日のうちに感染経路と接触する回数の期待数 $\langle\pi\rangle$ は，$\langle\pi\rangle = \gamma$ となります．よって，式 (3.12) から，基本再生産数 $\mathcal{R}_0$ は，

---

[7] この意味で，もしも，状態 R が，隔離や病院への入院などによる感染個体の感染症伝染ダイナミクスからの離脱を表す場合には，状態 R にある個体が感染経路における感染症感染リスクに寄与できるとは考えられないので，たとえば，

$$\phi_k = \Phi(I_k) = \alpha \frac{I_k}{N - R_k}$$

となります．本書では，この数理モデリングによる数理モデルについては触れません．

$$\mathcal{R}_0 = \frac{\beta \alpha \gamma}{q} \tag{3.14}$$

となります.

さらに，式 (3.1) について，

$$\sum_{j=0}^{\infty} (1 - \beta\phi_k)^j P(j) = \mathrm{e}^{-\gamma} \sum_{j=0}^{\infty} \frac{\{(1 - \beta\phi_k)\gamma\}^j}{j!}$$
$$= \mathrm{e}^{-\gamma} \cdot \mathrm{e}^{(1-\beta\phi_k)\gamma} = \mathrm{e}^{-\beta\phi_k\gamma} = \mathrm{e}^{-\beta\alpha\gamma I_k/N}$$

が導かれます．よって，これらの数理モデリングによる感染症伝染ダイナミクスモデル (3.1-3.3) における実効再生産数 $\mathfrak{R}_k$ は，式 (3.10) により，次式が与えます.

$$\mathfrak{R}_k := \frac{S_k}{qI_k} (1 - \mathrm{e}^{-\beta\alpha\gamma I_k/N}) \tag{3.15}$$

本節では，特に，数理モデル (3.1-3.3) において，$m = 1$ かつ $\theta = 0$ の場合の感染症伝染ダイナミクスについてのみ考えます．この場合，回復した個体は必ず免疫を獲得し，獲得された免疫の失活はなく，免疫獲得状態が永続します．よって，感染症による状態遷移は一方向の過程 S → I → R となります．このような状態遷移過程をもつ感染症伝染ダイナミクスモデルは，慣用的に，**SIR モデル** と呼ばれます（図 3.2）.

以上の仮定を加えた感染症伝染ダイナミクスモデル (3.1-3.3) は，最も基本的な SIR モデルを与える次の漸化式系となります.

$$S_{k+1} = S_k \mathrm{e}^{-\beta\alpha\gamma I_k/N} \tag{3.16}$$

$$I_{k+1} = S_k(1 - \mathrm{e}^{-\beta\alpha\gamma I_k/N}) + (1 - q)I_k \tag{3.17}$$

$$R_{k+1} = R_k + qI_k \tag{3.18}$$

初期条件として $(S_0, I_0, R_0) = (N - I_0, I_0, 0)$ とします.

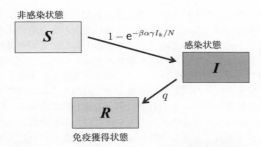

図 3.2 SIR モデル (3.16-3.18) における個体の状態遷移図.

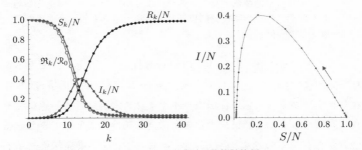

図 3.3 SIR モデル (3.16-3.18) による時系列の数値計算例. $\beta\alpha\gamma = 1.0$; $q = 0.25$; $\mathcal{R}_0 = 4.0$; $(S_0/N, I_0/N, R_0/N) = (0.999, 0.001, 0.0)$. $\mathcal{R}_k/\mathcal{R}_0$ の時系列も示した.

　この SIR モデルによる感染症伝染ダイナミクスでは,最終的には,感染個体数は 0 に漸近してゆきます (図 3.3).すなわち,$k \to \infty$ に対して,$I_k \to 0$ です.集団内の個体数 N が定数であり,感染症の伝染が進むにつれ,感染状態から回復した免疫獲得個体数が単調に増加する一方,感染症感染の対象となる非感染個体数は単調に減少しますから,最終的には,感染個体の再生産効率が単調に 0 に向かって低下していくのです.

　　上記の SIR モデルの特性は,集団を成す成員の総数が変動する場合には,必ずしも当てはまりません.感染症伝染ダイナミクスと同じ

時間スケールをもつ集団の成員の新規加入や脱退（転入や転出，一時的来訪や外出など）が無視できない場合，非感染個体が加入する頻度が十分に大きいならば，感染個体の再生産効率が保持されるので，その結果，集団内に感染個体が存在し続ける状態，**感染症定着状態**に至る可能性があります．そのような状態に至ることを，感染症の**風土病化**と呼ぶことがあります．特に，感染症の伝染ダイナミクスの時間スケールが相対的に大きな場合，すなわち，伝染ダイナミクスがゆっくりと進み，出生や死亡による集団内の個体数の変動が無視できないような場合には，長期にわたる感染症伝染ダイナミクスを経た後の感染症の風土病化が起こり得ます．歴史上の例として，天然痘，結核，麻疹を挙げることができます．感染症定着状態は，予防法や治療法の発見・開発により不安定化し，感染症が絶滅した状態，**感染症不在状態**に遷移することもあり得ます．天然痘は歴史上の一例といえるでしょう．

ところで，SIR モデル (3.16-3.18) の特性として，図 3.3 でも示されているように，$k \to \infty$ に対して，$S_k \to S_\infty > 0$ なる正値 S_∞ が存在します．つまり，感染症伝染ダイナミクスが終息して，感染症不在状態に至るまで，感染症の感染から逃れ続けることができた非感染者が存在するのです．一方，$R_\infty = N - S_\infty$ は感染症伝染ダイナミクスが終息するまでに感染症に感染した個体の総数を表し，考えている集団についての**最終感染規模**と呼びます．以下では，最終感染規模 R_∞ を含めて，SIR モデル (3.16-3.18) の特性について，もう少しみてみます．

式 (3.16) と (3.17) から，次の等式を導くことができます．

$$\frac{S_{k+1}}{N} + \frac{I_{k+1}}{N} - \frac{1}{\mathcal{R}_0} \log \frac{S_{k+1}}{N} = \frac{S_k}{N} + \frac{I_k}{N} - \frac{1}{\mathcal{R}_0} \log \frac{S_k}{N}$$

この等式から，任意の $k \geq 0$ に対して，

$$\frac{S_k}{N} + \frac{I_k}{N} - \frac{1}{\mathcal{R}_0} \log \frac{S_k}{N} = 1 - \frac{1}{\mathcal{R}_0} \log \frac{S_0}{N} \tag{3.19}$$

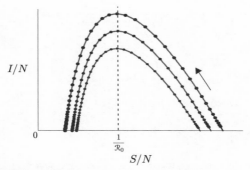

図 3.4　3 つの異なる初期値 $(S_0/N, I_0/N)$ に対する SIR モデル (3.16-3.18) による $(S/N, I/N)$ 平面における軌道曲線.

が成り立つことがわかります. すなわち, 式 (3.19) の左辺は, SIR モデル (3.16-3.18) における, 時間 (k) によらない保存量を定義し, 右辺は, 初期値 S_0/N と基本再生産数 $\mathcal{R}_0$ によって定まるその保存量の値を示しています. また, 式 (3.19) は, 任意の $k \geqq 0$ における値 S_k/N と I_k/N の間に成り立つ関係式とみなすことができますから, $(S/N, I/N)$ 平面における点 $(S_k/N, I_k/N)$ の軌道が乗る曲線の式を与えています (図 3.4).

　式 (3.19) から, SIR モデル (3.16-3.18) における非感染個体数 S_k と感染個体数 I_k の時系列についての以下の特性を導くことができます.

- 感染個体数 I_k は, $\mathcal{R}_0 S_0/N \leqq 1$ ならば, 時間とともに単調減少し, $\mathcal{R}_0 S_0/N > 1$ ならば, 初期に増加し, ピークを経て単調減少に転ずる.

- $\mathcal{R}_0 S_0/N > 1$ の場合の感染個体数 I_k のピークにおける値は, 次の値 I_{sup} を超えない.

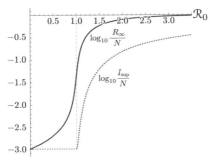

図 3.5　SIR モデル (3.16–3.18) についての I_sup と R_∞ の $\mathcal{R}_0$ 依存性. $I_0/N = 0.001$ に対する (3.20) と (3.22) の数値計算.

$$I_\mathrm{sup} := \left[1 - \frac{1}{\mathcal{R}_0} \left\{ 1 + \log \left(\mathcal{R}_0 \frac{S_0}{N} \right) \right\} \right] N \tag{3.20}$$

I_sup の値は，感染症出現時の非感染者数 S_0 が大きいほど，すなわち，感染症出現時の非感染者数 $I_0 = N - S_0$ が小さいほど大きく（図 3.4），基本再生産数 $\mathcal{R}_0$ が大きいほど大きい（図 3.5）.

- 極限 $k \to \infty$ における $S_k \to S_\infty$ は，次の方程式を満たす，N より小さな唯一の正の値として定まる.

$$\frac{S_\infty}{N} - \frac{1}{\mathcal{R}_0} \log \frac{S_\infty}{N} = 1 - \frac{1}{\mathcal{R}_0} \log \frac{S_0}{N} \tag{3.21}$$

上記の最初の特性から，$1 < \mathcal{R}_0 \leqq N/S_0$ の場合，基本再生産数は 1 より大きいのですが，感染個体数は時間とともに単調に減少します．つまり，この場合，感染流行は起こらないのです．感染流行とみえる感染個体数の増加が起こる以上に初期の感染個体数が大きいためと考えることもできますが，いずれにせよ，この場合は，基本再生産数 $\mathcal{R}_0$ が 1 より大きいながら，十分に 1 に近い値である状

況として理解すべきでしょう．もちろん，感染症の侵入が成功する
状況なので，感染規模には気をつけなければならないといえます．
では，最終感染規模はどのように $\mathcal{R}_0$ に依存するでしょうか．

極限 $k \to \infty$ において $R_\infty = N - S_\infty$ ですから，上式 (3.21) から，
最終感染規模を定める次の方程式が得られます．

$$\frac{R_\infty}{N} + \frac{1}{\mathcal{R}_0} \log\left(1 - \frac{R_\infty}{N}\right) = \frac{1}{\mathcal{R}_0} \log\left(1 - \frac{I_0}{N}\right) \tag{3.22}$$

図 3.5 が示すように，最終感染規模 R_∞ は基本再生産数 $\mathcal{R}_0$ が大き
いほど大きくなります．つまり，基本再生産数 $\mathcal{R}_0$ がより大きな感
染症，あるいは，より大きな $\mathcal{R}_0$ をもつ集団において，感染症伝染
の規模が大きくなり得るということになります．さらに，最終感染
規模 R_∞ は，基本再生産数 $\mathcal{R}_0$ が 1 を超えると，急激に大きくなり
ます．前記のように，$\mathcal{R}_0$ が 1 よりわずかに大きい場合には，感染
者個体数は減少する傾向だけがみえるかもしれませんが，最終感染
規模 R_∞ は相当に大きくなり得るのです．

■**免疫獲得が確実でない場合**　感染状態から回復後，必ずしも免疫
獲得ができない場合であっても，定性的には，感染症伝染ダイナミ
クスの特性は，数理モデル (3.16-3.18) と類似します．しかしなが
ら，回復後の再感染が起こりますから，感染規模の扱いについて注
意が必要です．この場合の感染症伝染ダイナミクスモデルは次の漸
化式系となります（図 3.6）．

$$S_{k+1} = S_k e^{-\beta\alpha\gamma I_k/N} + (1-m)q I_k \tag{3.23}$$

$$I_{k+1} = S_k(1 - e^{-\beta\alpha\gamma I_k/N}) + (1-q)I_k \tag{3.24}$$

$$R_{k+1} = mq I_k + R_k \tag{3.25}$$

図 3.7 が示すように，免疫獲得が確実でない場合には，$k \to \infty$ に

126

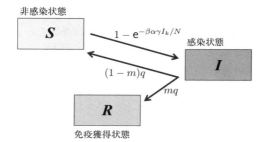

図3.6 感染症伝染ダイナミクスモデル(3.23-3.25)における個体の状態遷移図.

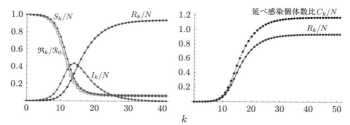

図3.7 免疫獲得が確実でない場合の数理モデル(3.23-3.25)による時系列の数値計算例. $\theta = 0.0$; $m = 0.8$; $\beta\alpha\gamma = 1.0$; $q = 0.25$; $\mathcal{R}_0 = 4.0$; $(S_0/N, I_0/N, R_0/N) = (0.999, 0.001, 0.0)$.

における免疫獲得個体数 R_∞ は，前出の SIR モデル (3.16-3.18) の場合に比べると小さくなりますが，これは，感染規模が小さかったという意味にはなりません．SIR モデルの場合には，回復後には必ず免疫を獲得できましたから，R_k の値は，感染症へ感染経験のある個体数として扱うことができましたが，免疫獲得が確実ではない場合には，回復後に再感染する個体があるために，R_k の値が感染経験個体数を示すものにはならないからです．

　k 日目までに感染症感染からの回復を経験した「延べ」個体数を C_k で表せば，漸化式 $C_{k+1} = qI_k + C_k$ を満たします．図3.7 が示す

ように，繰り返して感染を経験する個体があるために，$k \to \infty$ における「延べ」感染個体数は集団の個体数 N を超えます．また，$k \to \infty$ における非感染個体数 S_∞ は，SIR モデル (3.16-3.18) の場合よりも大きくなっていますが，この S_∞ には感染を経験し，免疫獲得ができなかった個体が含まれています．

　感染から回復後に免疫が獲得できない個体の感染可能状態への復帰は，感染症伝染ダイナミクスにとっては，感染症感染の対象となる個体数増になります．このため，感染者数のピークがより大きくなり，感染者数の減少もより緩やかになります．何よりも，「延べ」感染個体数が大きくなることは，たとえば，医療機関への負担が相当に重くなることを意味します．

3.5　SIS モデル

　感染症伝染ダイナミクスモデル (3.23-3.25) では，感染個体が回復した際には，確率 m で一部は免疫を獲得できましたが，免疫獲得が一切できない場合，つまり，$m = 0$ の場合には，次の **SIS モデル**となります（図 3.8）．

$$S_{k+1} = S_k \mathrm{e}^{-\beta \alpha \gamma I_k / N} + q I_k \tag{3.26}$$

$$I_{k+1} = S_k (1 - \mathrm{e}^{-\beta \alpha \gamma I_k / N}) + (1 - q) I_k \tag{3.27}$$

任意の $k \geqq 0$ に対して $S_k + I_k = N$ が成り立ちます．この数理モデルに対しても，基本再生産数 $\mathcal{R}_0$ は式 (3.14)，実効再生産数 $\mathcal{R}_k$ は

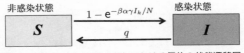

図 3.8　SIS モデル (3.26-3.27) における個体の状態遷移図.

128

式 (3.15) です.

　感染症の病原体が元々多型であったり，病原体の構造変異が頻繁
である場合には，感染からの回復後に免疫系によって獲得された抗
体では，病原体を十分に抑え込めない可能性があり，そのような場
合には，回復後の再感染が比較的容易になります．また，病状から
の回復後に感染力はなくても，病原体が体内に潜在しており，体内
への病原体の再侵入により病状が再発して感染力が復活するよう
な場合にも当てはめることができる可能性もあります．さらに，そ
もそも免疫獲得状態があり得ない場合，たとえば，何らかの中毒症
（薬物，アルコール，ギャンブル，ゲームなど）の場合に適用でき
るかもしれません.

　SIS モデル (3.26-3.27) は，次の特性をもちます.

- $\mathcal{R}_0 \leqq 1$ ならば，任意の初期値 $I_0 > 0$ に対して，感染個体数
  I_k は単調に 0 に向かって減少し，集団は感染症不在状態に
  至る.

- $\mathcal{R}_0 > 1$ ならば，任意の初期値 $I_0 > 0$ に対して，感染個体数
  I_k は単調にある正値 I^* に漸近し，集団は感染症定着状態に
  至る（図3.9）. I^* は，次の方程式を満たす唯一の正の値によ

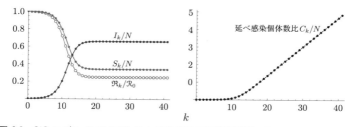

図 3.9 SIS モデル (3.26-3.27) による時系列の数値計算例. $\beta\alpha\gamma = 1.0$; $q = 0.25$; $\mathcal{R}_0 = 4.0$; $(S_0/N, I_0/N, R_0/N) = (0.999, 0.001, 0.0)$.

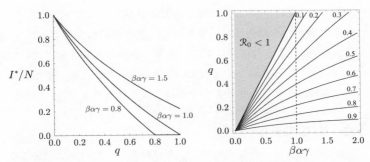

図 3.10 SIS モデル (3.26–3.27) の感染症定着状態における感染個体数比 I^*/N のパラメータ依存性. 右図は, パラメータ $(\beta\alpha\gamma, q)$ に対する感染個体数比 I^*/N の等値線図.

り定まる.

$$q\frac{I^*}{N} = \left(1 - \frac{I^*}{N}\right)(1 - e^{-\beta\alpha\gamma I^*/N}) \tag{3.28}$$

図 3.10 が示す通り, 感染症定着状態における感染個体数 I^* は, 感染状態が長く続く (q が小さい) ほど, 大きくなります. また, 基本再生産数 $\mathcal{R}_0 = \beta\alpha\gamma/q$ が大きいほど大きくなります.

$\mathcal{R}_0 > 1$ の場合の感染症定着状態における感染個体数 I^* の値を定める式 (3.28) から, 式 (3.15) による実効再生産数 $\mathcal{R}_k$ の感染症定着状態における値が 1 に等しいことが容易にわかります. このことは,「1 感染個体から再生産される新しい感染個体の期待数」が 1 であることを意味しますから, 図 3.9 が示すような, 感染個体数 I_k が定数 I^* に漸近する上記の特性と合致します.

感染症定着状態が維持されるのは, 非感染個体が感染により感染個体になる一方で, 感染から回復した個体が再感染可能な非感染個体に戻るという過程においてバランスのとれた状態が継続するか

130

らです．すなわち，再感染の繰り返しが継続しています．よって，感染を経験した累積個体数，すなわち，延べ感染個体数 C_k は，図 3.9 に示されるように単調に増加します．感染症定着状態においては，常に新しい感染者が生まれていますから，たとえば，医療機関へは，常時，相応の負担がかかり続けることになります．

3.6 SIRS モデル

感染から回復後に免疫を獲得できるけれども，免疫失活が起こる場合を考えます．この場合，漸化式系 (3.1-3.3) から導かれる感染症伝染ダイナミクスモデルは，次の **SIRS モデル**になります．（図 3.11）

$$S_{k+1} = S_k \mathrm{e}^{-\beta\alpha\gamma I_k/N} + \theta R_k \tag{3.29}$$

$$I_{k+1} = S_k(1 - \mathrm{e}^{-\beta\alpha\gamma I_k/N}) + (1-q)I_k \tag{3.30}$$

$$R_{k+1} = qI_k + (1-\theta)R_k + (1-\theta)R_k \tag{3.31}$$

やはり，基本再生産数 $\mathcal{R}_0$ は式 (3.14)，実効再生産数 $\mathfrak{R}_k$ は式 (3.15) で与えられます．

前節で取り上げた SIS モデル (3.26-3.27) と同様，感染経験個体

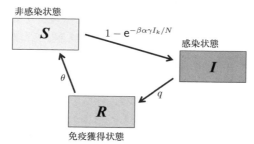

図 3.11　SIRS モデル (3.29-3.31) における個体の状態遷移図.

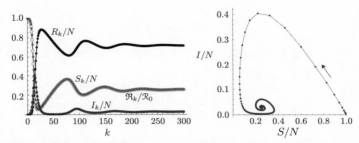

図 3.12　SIRS モデル (3.29–3.31) による時系列の数値計算例. $\theta = 0.01$; $m = 1.0$; $\beta\alpha\gamma = 1.0$; $q = 0.25$; $\mathcal{R}_0 = 4.0$; $(S_0/N,\ I_0/N,\ R_0/N) = (0.999,\ 0.001,\ 0.0)$.

が再感染可能な状態に戻る過程が組み込まれていますので, 感染個体が常在する状態が実現し得ることは容易に予想できます. はたして, 図 3.12 が示すように, 集団が感染症定着状態に漸近する状況が現れます.

- $\mathcal{R}_0 \leqq 1$ ならば, 任意の初期値 $I_0 > 0$ に対して, 感染個体数 I_k は単調に 0 に向かって減少し, 集団は感染症不在状態に至る.
- $\mathcal{R}_0 > 1$ ならば, 任意の初期値 $I_0 > 0$ に対して, 感染個体数 I_k はある正値 I^* に漸近し, 集団は感染症定着状態に至る (図 3.12). I^* は, 次の方程式を満たす唯一の正の値により定まる.

$$\frac{1}{q}\left(\frac{N}{I^*} - 1\right) = \frac{1}{\theta} + \frac{1}{1 - e^{-\beta\alpha\gamma I^*/N}} \tag{3.32}$$

- 感染症定着状態における感染個体数 I^* は, 必ず $\theta/(\theta + q)$ より小さい.
- 感染症定着状態における非感染個体数 S^* と感染個体数 I^* は, 次の等式を満たす.

132

$$\frac{I^*}{N} = \frac{\theta}{\theta + q}\left(1 - \frac{S^*}{N}\right) \tag{3.33}$$

- 感染症定着状態における感染個体数 I^* と免疫獲得個体数 R^* の比は次式を満たす.

$$I^* : R^* = \frac{1}{q} : \frac{1}{\theta} \tag{3.34}$$

SIS モデル (3.26-3.27) と同様, 集団内に感染症が定着するか否かは, 基本再生産数 $\mathcal{R}_0$ の値が 1 より大きいか小さいかだけで決まりますが, 図 3.12 が示すように, SIS モデル (3.26-3.27) とは異なり, 感染症定着状態に至る感染個体数の時系列に振動が現れ得ます. そのような感染個体数の時系列は, 感染個体数の減少後の再流行として観測され得る現象になりますから, 公衆衛生の面からは非常に悩ましい振る舞いといえるでしょう.

> SIRS モデル (3.29-3.31) における振動の出現は, 感染症伝染ダイナミクスに内含されている時間遅れの構造がその主因であると考えることができます. 感染から回復した個体がある期間, 免疫獲得個体として感染症伝染ダイナミクスから離脱していた後に, 免疫失活により, 再び, 非感染個体に加わる過程があるために, 免疫獲得個体の増加は, ある時間経過後 (＝時間遅れ) の非感染個体の増加に働き, 引き続く感染個体数の再増加を引き起こすというシナリオが考えられるのです. ただし, 図 3.13 が示すように, このシナリオが感染個体数の振動として現れ得るか否かは, 感染症伝染ダイナミクスのもつ詳細な特性についての満たされるべき条件があります.

$\theta = 0$ の場合, 数理モデル (3.29-3.31) は, 3.4 節で取り上げた最も基本的な SIR モデル (3.16-3.18) に一致します. SIR モデルでは, 感染個体数の時系列に振動は現れません. 図 3.13 が示すように, ごくわずかな免疫失活が起こり得る (θ が十分小さな正の値) だけ

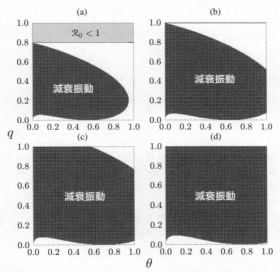

図 3.13 SIRS モデル (3.29-3.31) において，集団が感染症定着状態に減衰振動を伴って漸近するパラメータ範囲 (θ, q) についての数値計算結果. (a) $\beta\alpha\gamma = 0.8$; (b) $\beta\alpha\gamma = 1.0$; (c) $\beta\alpha\gamma = 1.2$; (d) $\beta\alpha\gamma = 1.5$.

で，振動が現れます.

　3.4 節において感染個体が感染状態を保持する期間の期待日数 $1/q$ が式 (3.8) において導かれたのと同じ考え方を適用すれば，SIRS モデル (3.29-3.31) について，回復個体が免疫を保持する期間の期待日数は $1/\theta$ で与えられることがわかります. よって，図 3.13 が示す特性から，感染個体数変動における振動は，免疫保持期間がある程度長く（免疫失活しにくく），基本再生産数 $\mathcal{R}_0 = \beta\alpha\gamma/q$ がある程度大きい方が現れやすいと考えることができます. 逆に，免疫保持期間が極端に短く（すぐに免疫失活しやすく），基本再生産数 $\mathcal{R}_0$ が 1 に近いほど，感染個体数変動は単調になりやすいという結果になります. ただし，さらにこの結果を眺めてみると，これらの性質

134

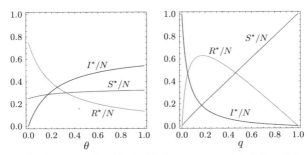

図 3.14 SIRS モデル (3.29-3.31) の感染症定着状態における個体数比 (S^*/N, I^*/N, R^*/N) の θ-依存性 ($q = 0.25$; $\mathcal{R}_0 = 4.0$) と q-依存性 ($\theta = 0.05$). いずれも, $\beta\alpha\gamma = 1.0$ の場合の数値計算結果.

は, パラメータ $\beta\alpha\gamma$ の値に強く依存していますから, 集団内における感染症の伝染性が相対的に弱い ($\beta\alpha\gamma$ が相対的に小さい) 場合 (図 3.13(a)) には上記の性質が当てはまりますが, 感染症の伝染性が十分に強い ($\beta\alpha\gamma$ が十分に大きい) 場合 (図 3.13(d)) には, 感染状態や免疫の保持期間によらず, 感染個体数には振動が現れ得ると考えられます.

さて, 次に, 感染症定着状態における集団の状況について考えてみましょう. 上記の解析結果 (3.32), (3.33) や (3.34) がその状況に関する式となっています. これらの式を解析すれば, 感染症定着状態における集団の状況がどのように感染症伝染ダイナミクスの特性に依存するかを考察することができます. 図 3.14 が SIRS モデル (3.29-3.31) の感染症定着状態における集団内の個体数比 (S^*/N, I^*/N, R^*/N) の θ-依存性と q-依存性を表します.

まず, 免疫失活が起こりにくい (免疫保持期間が長い；θ がより小さい) ほど, 感染症定着状態における免疫保有個体数 R^* がより大きく, 感染個体数 I^* はより小さくなります. 逆に, 免疫失活が起こりやすい (免疫保持期間が短い；θ がより大きい) ほど, 免疫

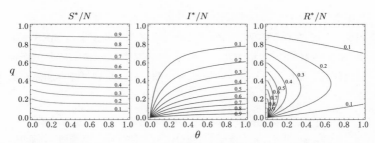

図 3.15　SIRS モデル (3.29-3.31) の感染症定着状態における個体数比 (S^*/N, I^*/N, R^*/N) の (θ, q) 依存性を表す等値線図. $\beta\alpha\gamma = 1.0$ の場合の数値計算結果.

保有個体数 R^* がより小さく，感染個体数 I^* がより大きくなりますが，同時に，非感染個体数 S^* もより大きくなります．これは，免疫失活が起こりやすいために，回復した個体から非感染個体に遷移する個体数の多さに由来していると考えることができるでしょう．

感染個体の回復が早い（q が大きい）ほど，感染症定着状態における感染個体数 I^* はより小さくなり，非感染個体数 S^* がより大きくなります．ところが，免疫獲得個体数 R^* については，単調な関係がありません．感染個体の回復が早すぎても遅すぎても，免疫獲得個体数 R^* はより小さくなります（図 3.15）．

回復が早い（q が大きい）場合には，感染状態を維持する期間が短いため，実効再生産数 $\mathfrak{R}_k$ が抑制されます．これにより，感染個体数は相対的に小さな値に抑えられ，感染個体数が小さいために，回復後の免疫獲得個体数も必然的に小さくなります．

一方，回復が遅い（q が小さい）場合には，感染状態を維持する期間が長いため，相対的に感染個体数が大きくなります．（θ の値で定まる）一定の率で免疫を失活する免疫獲得個体が現れることによって免疫獲得個体数が減少していますから，回復が遅い場合には，免疫を獲得する個体がなかなか現れないので，免疫獲得個体数

が小さく抑えられる結果になると考えることができます.

　免疫失活のある感染症伝染ダイナミクスモデルである SIRS モデル (3.29-3.31) についての結果から,感染個体数が多いほど免疫獲得個体数も多いとはいえず,それらの間には,単調でない関係があることが示唆されます.

　　　感染症伝染ダイナミクスには,様々な関連する問題があります.たとえば,ワクチン接種が感染規模に及ぼす効果は,典型的な問題の1つです.ワクチン接種は人工的な免疫獲得と考えることができますが,やはり,免疫失活の可能性がありますから,上記の SIRS モデルのような感染症伝染ダイナミクスの特性をもつでしょう.一方,隔離の効果は,本章の初めに述べたように,感染症伝染ダイナミクスの特性そのものに反映されます.また,特に,人間集団における感染症伝染ダイナミクスの場合には,感染者数の増加に伴う情報伝播による個人の行動変容や感染経路に対する処置が現れれば,感染症伝染ダイナミクスの性質が感染状況に依存して変化する可能性があります.人間集団が均質ではないこと,つまり,成員間の個性の違いにより,行動変容の程度が一様でないことを考えれば,感染症伝染ダイナミクスの性質が,集団についての文化的背景や社会状況,公衆衛生教育にも依存し得ることになりますから,社会科学的な視点も重要であることがわかります.

情報の流布

　この章では，集団における情報流布の数理モデリングを取り上げます．前章で取り上げた感染症の伝染ダイナミクスと，情報の流布ダイナミクスには類似性があります．感染症伝染ダイナミクスの本質は，非感染者と感染者の間の状態遷移にありましたが，情報の流布ダイナミクスでは，情報を知らない者と情報を知り得た者，または，情報を受け入れない者と情報を受け入れた者の間の状態遷移が本質になります．さらに，非感染から感染への状態遷移の確率が感染者密度に依存して決まるように，情報の流布は，情報を知り得た者，あるいは，情報を受け入れた者が多いほど促進されると考えられます．ここで，「情報」とは，何らかの事柄を指すだけではなく，思想や信仰，技術や習慣も含みます．音楽やファッションなどの嗜好物に関する流行も情報の流布といえます．

　実際，噂や口コミの広がりの数理モデル研究では，しばしば，感

138

染症伝染ダイナミクスモデルが応用されてきました[1]．たしかに，類似性は否めないものの，当然ながら，情報の流布ダイナミクスと感染症伝染ダイナミクスには，それぞれ特有の因子がかかわっていますから，考察しようとする特性に依存して，数理モデリングは相当に異なってきます．

　本章では，特に，新しい情報の受け入れに関する個人差，すなわち，集団内の個性の分布がどのように情報流布ダイナミクスにかかわるかについて，社会科学的概念に基づいた最も単純な数理モデリングを考えてみます．

4.1　グラノベッターの閾値モデル

　Mark Granovetter (1978) は，デモなどの集団行動への参加や流行・革新技術の受け入れについての各個人の意思決定過程を理論的に単純化するアイデアを元に，集団内における集団行動や流行・革新技術の普及過程を理論的に捉える考え方を提案しました．それは現在，**グラノベッターの閾値モデル**と呼ばれることがあります．

　流行・革新技術を受け入れた個人を採択者と呼ぶとき，グラノベッターの閾値モデルにおいては，集団内に現れた採択者に依存して生じる社会的影響が重要な因子となります．ここで，「社会的影響」とは，採択者による意識的な広告や普及活動・扇動，あるいは，採択したことによる無意識的な行動や生活様式の変化が他人に及ぼす

---

[1]　近年，ネットワーク理論を応用した数理モデリングによる人間社会における感染症伝染ダイナミクスについての理論研究も増えています．たとえば，入門書として，ダンカン・ワッツ『スモールワールド・ネットワーク［増補改訂版］世界をつなぐ「6 次」の科学』（辻竜平・友知政樹（訳））筑摩書房 (2016)，吉田就彦ほか『大ヒットの方程式』ディスカバー・トゥエンティワン (2010)，林幸雄『噂の広がり方——ネットワーク科学で世界を読み解く（DOJIN 選書 009)』化学同人 (2007) があります．

影響を指しています．たとえば，アパレルにおける特定の色やデザインの流行，感冒流行の兆しに対するマスク使用者頻度の増減などを想定できます．前者の場合には，採択者が無意識的に他人の目に映ることや，採択者が SNS などのインターネット環境上で情報発信をすることの影響が例となります．後者の場合には，採択者としてのマスク使用者の頻度が増加するにつれ，マスクを使用していない個人が日常生活の中で，周囲におけるマスク使用の増加を意識することがその個人の意思決定に影響を及ぼす可能性を想像することは難しくないでしょう．また，マスク使用者がマスク使用を継続するか否かの意思決定も，同様の影響を受けていると考えることもできます．もちろん，そのような社会的影響の強さは，流行・革新技術自体の特性や，考えている集団の文化的特性，社会状況に依存します．以下，本節では，グラノベッターの閾値モデルの考え方の要点を解説します．

■**二者択一の意思決定**　ある集団における，ある事柄に関する各個人による二者択一（たとえば，採用するか採用しないかについて）の意思決定について，次のように考えます．

- その事柄に関する意思決定について，各個人がある基準をもっており，その基準に従ってのみ意思決定が行われる．
- 意思決定の基準は各個人で（一般的に）異なる．

当たり前の考え方のようにみえますが，ここで重要なのは，各個人の意思決定が各個人の「基準」にのみ基づいて行われると仮定した点です．さらに重要なのは，この「基準」がいかなるものかということです．グラノベッターのアイデアでは，その「基準」は，集団内の意思決定者（たとえば，採択者）の頻度に依存する社会的影響

の強さに対するものとします．以下では，着目している事柄についての意思決定に関して，集団内における「採択者」と「非採択者」の二分別を考えることにします．そして，グラノベッターのアイデアでは，集団内における採択者頻度が各個人の意思決定に与える社会的影響を次のように捉えます．

- 採択者頻度が大きいほど，採択する意思決定を行う基準は満たされやすい．

図 4.1 は，日本における 1961〜2020 年のルームエアコン普及率の推移を表すグラフです．革新技術の普及は，その採択者（購入者，あるいは，利用者）が増加するにつれて，その技術利用に関する利用者からのフィードバックが技術の改良に結びつき，技術の質（便利さや，たとえば，メンテナンスコスト）が向上することによって，採択の意思決定が促されるでしょう．また，採択者が増加するにつれて，その採用にかかるコスト（費用や，たとえば，技術設置に必要な時間）が軽減されることも起こります．多くの家電でそうであったように，エアコンの場合でも，贅沢品から日常家電への遷移の歴史があり，購入者が増えるにつれて，（需要と供給の関係により）市場価格が下がり，生産企業の間の競争が技術改良を促してきたことは言わずもがなです．もっとも，購入者（革新技術の採択者）数

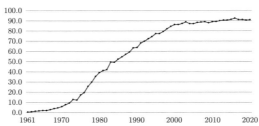

図 4.1 日本におけるルームエアコンの普及率の推移．内閣府 消費動向調査 主要耐久消費財の普及率の推移（2 人以上の世帯）のデータ（2020 年 4 月 6 日公開）に基づく．

とその技術の普及の間の関係を科学的に捉えようとすれば，それほど単純ではないでしょう．

■**意思決定についての仮定**　上記の前提に基づいて，以下の6つの仮定による二者択一の意思決定のモデリングがグラノベッターの閾値モデルを導きます．

仮定1　「社会的影響の強さに対する閾値」に基づいて各個人の意思決定は成される．

仮定2　社会的影響の強さは，集団内の採択者頻度に比例する．

仮定3　社会的影響の強さが閾値を超えている場合に限り，採択の意思決定が行われ得る．

仮定4　各個人の閾値は異なり得る．（閾値 = 個性）

仮定5　不採択の意思決定を行ったとしても，その後の採択・不採択の意思決定は独立に行われる．

仮定6　採択者が採択した事柄を破棄することはない．（一旦採択者となった者は採択者であり続ける）

仮定1により，個人の意思決定の「基準」を社会的影響の強さに対する「閾値」としてモデリングすることが明示されています．その上で，仮定2により，社会的影響の強さが，集団内の採択者頻度に比例する値として定量化されます．仮定3により，定量化された社会的影響の強さに対する値として閾値が意味づけられています．仮定4により，集団の成員としての各個人の閾値が必ずしも同じではない状況が導入されています．すなわち，今考えている二者択一の意思決定に関して，各個人のもつ閾値が個性を表します．仮定5は，個人の意思決定が過去に成された意思決定の影響を受けない単純化です．仮定6は，意思決定による採択者の増加過程に着目する

142

ゆえの単純化と考えることができます．ここで述べるグラノベッ
ターの閾値モデルは，最も単純なものであり，Granovetter (1978)
に引き続く理論的な研究においては，上記の仮定を変更した理論モ
デルが考察されています．

■**概念的な例**　さて，以上のモデリングに基づくグラノベッターの
閾値モデルの記述では，採択者頻度の動態について，しばしば，次
に述べるような概念的な例が与えられます[2]．次の例では，社会的
影響の強さを採択者頻度そのもので表す[3]ことにします．すると，
各個人のもつ閾値は，集団内における採択者頻度に対する値という
ことになります．

　今，ある 100 人の集団において，閾値 11% 未満や 70% を超える
閾値をもつ者はおらず，閾値 11, 12,..., 30% をもつ者が 1 人ず
つ，閾値 31, 32,..., 40% をもつ者が 2 人ずつ，閾値 41, 42,...,
50% をもつ者が 3 人ずつ，閾値 51, 52,..., 60% をもつ者が 2 人ず
つ，閾値 61, 62,..., 70% をもつ者が 1 人ずついるという閾値の分
布を考えます（図 4.2）．まず，（どのように定まったのかは問わず）
初めの採択者が 45 人いた場合（この 45 人の閾値はすべて 45% 以
下とします）を考えます．つまり，初めの採択者頻度は 45% です．
上記のように与えられた閾値分布により，閾値 45% 以下をもつ者
は 55 人存在するので，いずれは新たに 10 人が採択の意思決定を
行い，採択者頻度は 55% に至ることになると考えます．ところが，
閾値 55% 以下をもつ者は 80 人存在するので，いずれはさらに 25

---

[2] たとえば，小林盾ほか（編）『社会学入門——社会をモデルでよむ』朝倉書店
　　(2019) の第 6 章，友知政樹「社会心理　なぜ流行が起こるのか——いき値」や，
　　石井健一『情報化の普及過程』学文社 (2003) などの社会科学系の本にあります．
[3] すなわち，仮定 2 における比例定数を 1 とおいたことになります．

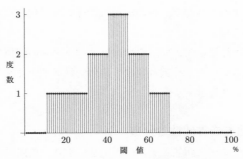

図 4.2　グラノベッターの閾値モデルについて，本文中の例で用いる 100 人の集団における閾値分布.

人が採択の意思決定を行い，採択者頻度は 80% に至ることが期待できます．閾値 80% 以下をもつ者は 100 人，つまり，集団全員ですから，いずれは集団全体が採択者のみで占められると考えられることになります[4]．一方，初めに採択者が 40 人いた場合（この 40 人の閾値はすべて 40% 以下とします）を考えてみると，閾値 40% 以下をもつ者はちょうど 40 人であり，他の 60 人のもつ閾値はすべて 40% より大きいので，採択者が増加することはあり得ず，採択者頻度は 40% に留まることになります．

　この例が示すように，Granovetter (1978) による閾値モデルは，集団内の閾値の分布に依存して，初期状態の違いが採択者頻度の動態に大きな差違を生み出し得ることを示唆しました．もっとも，グラノベッターの閾値モデルを採択者頻度の時間変動を表す数理モデルかのように誤解してはなりません．実は，グラノベッターの閾値モデルは，採択者頻度の時間変動を表す数理モデルとはいえませ

---

[4]　このような採択者の増加過程における採択者頻度による新規採択者の増加促進効果を，社会学では「バンドワゴン効果 (bandwagon effect)」と呼んでいます.

ん．採択者頻度の変化が，時間経過に伴う状況変化と対応づけられていないからです．

そこで，次節では改めて，このグラノベッターの閾値モデルのモデリングに基づいて，採択者頻度の時間変動ダイナミクスを与える数理モデリングを考えます．

4.2 集団を成す個性の分布

グラノベッターの閾値モデルの仮定2により，集団内の採択者頻度が $P(0 \leqq P \leqq 1)$ であるとき，各個人の意思決定に対する社会的影響の強さは αP で与えられるものとします（α は正定数）．パラメータ α は，集団内の採択者頻度がどの程度，社会的影響の強さに反映されるかを表す係数です．前節で触れたように，社会的影響の強さは，採択の意思決定に係る事柄の特性や，集団の文化的特性，社会状況に依存します．パラメータ α の大きさは，それらを反映していると考えられます．たとえば，アパレルにおける特定の色やデザインの流行を考えてみると，新しい下着の場合とワンピースの場合とでは，社会的影響の強さの現れ方に違いがあり得ることは容易に想像できます．

■**意思決定のルール**　仮定1と3に基づき，閾値 ξ をもつ個人の意思決定のルールを次のように定めることができます．

$$\begin{cases} \xi \leqq \alpha P \implies \text{採択の意思決定を行い得る} \\ \xi > \alpha P \implies \text{意思決定を行わない，もしくは不採択の} \\ \qquad\qquad\quad \text{意思決定を行う} \end{cases} \tag{4.1}$$

この意思決定のルールにより，非正の閾値 $\xi(\leqq 0)$ をもつ個人は，社会の状況にかかわらずに必ず採択する者を表し，α より大きな閾値 $\xi(> \alpha)$ をもつ個人は，決して採択する意思決定が行われ得な

い者（たとえば，着目している事柄に無関係，あるいは，無関心な者）を表します.

> 負の閾値（$\xi < 0$）をもつ個人が存在する場合，意思決定のルール (4.1) により，初期に集団内に採択者が皆無であっても，新たな採択者が現れ得ることになります. しかし，そもそも，意思決定のルール (4.1) は，社会的影響を受けて行われる意思決定のルールですから，集団内に採択者が不在の場合の「社会的影響」とは何かという意味づけ（定義）が必要になります. ここでは，この仮定についてのこれ以上深い議論には踏み込みませんが，数理モデリングの合理性の観点から，正でない閾値をもつ個人が存在しないとすることは，（後述の通り，初期の採択者を除いて）個人による意思決定が社会的影響を受けてのみ成され得るという仮定を意味します.

■**閾値の分布**   次に，仮定 4 の数理モデリングとして，考えている集団における閾値の分布を，次の分布関数によって与えます.

$$F(x) = \mathrm{Prob}(\xi \leqq x) = \int_{-\infty}^{x} f(\xi)\, d\xi \tag{4.2}$$

$F(x)$ は，考えている集団全体において x 以下の閾値をもつ個人の頻度（無作為に抽出したある個人の閾値が x 以下である確率）を表す分布関数（累積分布関数），f はその密度分布関数であり，次の性質を満たします[5].

$$\lim_{x \to -\infty} F(x) = 0; \quad \lim_{x \to \infty} F(x) = 1; \quad f(\xi) \geqq 0$$

N を集団全体の人数とすると，$NF(x)$ は x 以下の閾値をもつ人数を意味します. 閾値の分布を表している関数 F もしくは f が集団

---

[5] このような分布の数学的表現については，高校数学の統計の単元に現れますが，正確な基礎知識については，大学基礎課程レベルで学ぶ数理統計学あるいは統計学の授業で学ぶ内容です. 関心のある読者は，それらの教科書を参照することで引き続く内容をより正確に理解できるでしょう.

を特徴づけるものとなり，閾値の平均値 $\overline{\xi}$ と標準偏差 σ は，次式によって定まります．

$$\overline{\xi} = \int_{-\infty}^{\infty} \xi f(\xi)\, d\xi; \quad \sigma = \sqrt{\int_{-\infty}^{\infty} (\xi - \overline{\xi})^2 f(\xi)\, d\xi}$$

4.3 個性分布下の情報流布ダイナミクス

前節で導入した個性の分布を与える分布関数を用いて，本節では，集団内の採択者頻度の時間変動を記述する個体群ダイナミクスモデルの構築について記述します．

■**時点 t における採択者**　ある単位時間ステップ内（たとえば1日）で，着目している事柄を新たに採択する人数の期待値を考えます．今，p. 141 で述べた仮定6により，採択者頻度は減少しないことに注意します．N を集団全体の人数，P_t を時点 t における採択者頻度とすると，NP_t が時点 t における採択者数を意味します．$1 - P_t$ が時点 t において採択をしていない者の頻度となり，$N(1 - P_t)$ が採択をしていない者の数です．

■**初期の採択者**　仮定1と3による意思決定のルール (4.1) からは，採択者のもつ閾値は αP 以下に限られることになりますが，初期における採択者頻度 P_0 については，ルール (4.1) とは無関係に，次のように与えることにします．

$$P_0 = \int_{-\infty}^{\infty} \varphi_0(\xi) f(\xi)\, d\xi \tag{4.3}$$

$\varphi_0(\xi)$ は閾値 ξ をもつ者のうち，初期採択者として与えられる割合を意味し，条件 $0 \leqq \varphi_0(\xi) \leqq 1$ と

$$0 < P_0 \leqq \int_{-\infty}^{\infty} f(\xi)\,d\xi = 1$$

を満たします.

> Granovetter (1978) による閾値モデルについてと同様, 初期の採択
> 者がどのように与えられるかについては, 何らかの特別な仮定が必
> 要です. どのような流行・革新技術の普及においても, 初期の採択
> 者がなければ, 採択者数の変動を議論することはできないからです.
> 初期の採択者における「採択」が前出のような意思決定のルールに
> 従って決まると考えることは, 社会的影響の存在しない「初期」に
> おいては不合理です. したがって, たとえば, 意思決定のルール外
> の何らかの社会的あるいは商業的理由により, 個人の意思決定の基
> 準 (よって, 閾値) とは無関係に採択者が決まるという仮定が, 合
> 理的な考え方の 1 つといえます. もちろん, 初期以降の採択者数の
> 時間変動については, 意思決定のルールによってのみ定まるものと
> して, 以下では数理モデリングを進めます.

　仮定 6 により, 採択者は採択者であり続けるので, 初期採択者は
任意の時点 t において採択者です. すると, 初期採択者は保持する
閾値によらずに定められていることから, 初期採択者のうち, 時点
t において αP_t を超える閾値をもつ者があり得て, その人数は,

$$N \int_{\alpha P_t}^{\infty} \varphi_0(\xi) f(\xi)\,d\xi \tag{4.4}$$

で与えられます.

■時点 t において採択をしていない者　$N(1 - P_t)$ が時点 t におい
て採択をしていない者の人数を表します. この人数は 2 つに分類
できます. まず, αP_t より大きい閾値をもつ採択者について考えま
す. αP_t より大きい閾値をもつ者は, 意思決定のルール (4.1) によ
り, 時点 t における採択の意思決定はあり得ないのですが, その
中には初期採択者 (4.4) が含まれています. $N\{1 - F(\alpha P_t)\}$ が αP_t

より大きい閾値をもつ者の人数を表しますから,式 (4.4) により,αP_t を超える閾値をもつ者のうち,採択をしていない者の人数は,

$$N\{1 - F(\alpha P_t)\} - N \int_{\alpha P_t}^{\infty} \varphi_0(\xi) f(\xi) \, d\xi \qquad (4.5)$$

によって与えられることになります.この人数に含まれる者は,意思決定のルール (4.1) により,時点 t において,いずれも採択をしていない個人です.

一方,αP_t 以下の閾値をもつ人数は $NF(\alpha P_t)$ であり,この人数のうち,初期採択者以外の人数は,

$$NF(\alpha P_t) - N \int_{-\infty}^{\alpha P_t} \varphi_0(\xi) f(\xi) \, d\xi \qquad (4.6)$$

によって与えられます.この人数は,初期には非採択者であって,時点 t において αP_t 以下の閾値をもつ個人の総数です.しかし,これらのすべての個人が時点 t において採択者であることにはなりません.この人数 (4.6) には,時点 t において非採択者である個人も含まれています.

時点 t における採択者数 NP_t のうち,初期採択者を除く採択者数は $NP_t - NP_0$ であり,これらの採択者は,初期時点以降に意思決定のルール (4.1) によって採択者になった個人ですから,すべて,人数 (4.6) に含まれています.

よって,時点 t において,αP_t 以下の閾値をもつ非採択者の人数は,(4.6) から $NP_t - NP_0$ を引いて得られる次式で与えられます.

$$N \int_{-\infty}^{\alpha P_t} \{1 - \varphi_0(\xi)\} f(\xi) \, d\xi - N(P_t - P_0)$$
$$= NF(\alpha P_t) + N \int_{\alpha P_t}^{\infty} \varphi_0(\xi) f(\xi) \, d\xi - NP_t \qquad (4.7)$$

式 (4.5) と (4.7) の和が,考えている集団内の採択をしていない者

の人数 $N(1-P_t)$ に等しくなっていることは容易にわかります.

　これらの個人すべてが時点 $t+1$ に採択者になるわけではありません. 意思決定には「機会」が必要であり,「機会」を得るまでの時間経過もあります. 数理モデリングの次の段階で, このことを自然に, かつ, 合理的に導入します.

■**単位時間ステップ内における新規採択者**　意思決定が行われ得るには, 着目している事柄にかかわりをもつ機会が必要です. そのような機会への遭遇の起こりやすさは, 集団内の採択者頻度 P に依存すると仮定しましょう. そこで, 単位時間ステップ内において, 採択の意思決定を成す基準を満たす閾値をもちながら未だ意思決定を行っていない個人が, 採択の意思決定が可能な機会を得る確率を $B(P)$ で表します ($0 \leq B(P) < 1$). そして, 機会が得られたときに意思決定が成される確率を γ とおきます ($0 < \gamma \leq 1$). 意思決定の機会に遭遇した際でも, 意思決定を行わない確率 $1-\gamma$ が存在することになりますが, これは, 意思決定という過程に入らない(意思決定をする状況にない)事象の確率を表します. $\gamma=1$ ならば, 意思決定の機会に遭遇すれば, 必ず, 意思決定が成されることになります.

　時点 t から次の時点 $t+1$ までの単位時間ステップ内において, 着目している事柄を採択した新規採択者数は, $NP_{t+1} - NP_t$ と表されますから, 確率 $B(P_t)$ と γ を用いて, 式 (4.7) により次の等式を導くことができます.

$$NP_{t+1} - NP_t = \gamma B(P_t) \left\{ NF(\alpha P_t) + N \int_{\alpha P_t}^{\infty} \varphi_0(\xi) f(\xi)\, d\xi - NP_t \right\}$$

$$(4.8)$$

■**採択者頻度の時間変動**　等式 (4.8) から，採択者頻度 P の時系列を定める次の漸化式が導出できます．

$$P_{t+1} = \{1 - \gamma B(P_t)\}P_t + \gamma B(P_t)\Big\{F(\alpha P_t) + \int_{\alpha P_t}^{\infty} \varphi_0(\xi)f(\xi)\,d\xi\Big\}$$
(4.9)

これが，採択者頻度の時系列を与える離散時間モデルです．漸化式 (4.8) による採択者頻度の時系列 $\{P_t\}$ が性質「$0 \leqq P_0 \leqq 1$ のとき，任意の $t \geqq 0$ について $0 \leqq P_t \leqq 1$ である」を満たすことは，数学的帰納法を用いて容易に証明できます．

　ここでは，初期採択者は，閾値によらず等確率で選定されるものとし，$\varphi_0(\xi) = \varphi_0$（$\varphi_0$ は 1 より小さい正定数）とおいて考えましょう．また，意思決定の機会との遭遇のしやすさは採択者が多いほど起こりやすいと仮定すれば，確率 $B(P)$ は，P の単調増加関数となります．そこで，最も単純な場合として，$B(P_t) = bP_t$ とおくことにします．ただし，b は 1 以下の正定数です．以上により，漸化式 (4.9) から，以下では，次の数理モデルについて考えます．

$$P_{t+1} = \big[1 + \gamma b\{\varphi_0 - P_t + (1 - \varphi_0)F(\alpha P_t)\}\big]P_t$$
(4.10)

初期採択者頻度 P_0 は，式 (4.3) から，$P_0 = \varphi_0$ となります．

■**閾値の分布が一様分布の場合**　まず，個性としての閾値の分布が次の密度分布関数 f によって定まる一様分布で与えられる場合を考えます（図 4.3）．

$$f(\xi) = \begin{cases} 0 & (\xi \leqq 0) \\ \dfrac{1}{\theta\alpha} & (0 < \xi \leqq \theta\alpha) \\ 0 & (\xi > \theta\alpha) \end{cases}$$
(4.11)

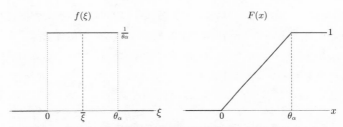

図 4.3　一様分布に従う閾値 ξ の密度分布関数 (4.11) と分布関数 (4.12).

ここで，パラメータ θ は，$0 < \theta \le 1$ を満たす定数です．閾値の平均値 $\bar{\xi}$ は $\theta\alpha/2$，分散 σ^2 は $(\theta\alpha)^2/12$ で与えられ，対応する分布関数 F は，次のように定まります．

$$F(x) = \begin{cases} 0 & (x \le 0) \\ \dfrac{x}{\theta\alpha} & (0 < x \le \theta\alpha) \\ 1 & (x > \theta\alpha) \end{cases} \tag{4.12}$$

密度分布関数 (4.11) により定まる閾値の一様分布では，非正の閾値や $\theta\alpha (\le \alpha)$ より大きな閾値をもつ個人は存在しません．つまり，ここでは，社会の状況にかかわらずに必ず採択する者（非正の閾値 $\xi \le 0$ をもつ個人）や，決して採択する意思決定が行われ得ない者（α より大きな閾値 ξ をもつ個人）は存在しない場合を考えます．

式 (4.10) に (4.11) と (4.12) を適用すれば，採択者頻度の時間変動ダイナミクスは，次式によって与えられることになります．

$$P_{t+1} = \begin{cases} (1 + \gamma b\varphi_0)\Big(1 - \dfrac{\theta + \varphi_0 - 1}{\theta\varphi_0} \dfrac{\gamma b\varphi_0}{1 + \gamma b\varphi_0} P_t\Big)P_t & (P_t \le \theta) \\[3mm] (1 + \gamma b)\Big(1 - \dfrac{\gamma b}{1 + \gamma b} P_t\Big)P_t & (P_t > \theta) \end{cases} \tag{4.13}$$

152

$P_0 = \varphi_0 < \theta$ のとき,$P_t \leqq \theta$ である限りにおいて,時系列 $\{P_t\}$ が単調増加であることが,(4.13) の第 1 式から証明できます.さらに,$P_0 = \varphi_0 < \theta$ のとき,$P_n \leqq \theta < P_{n+1}$ を満たす $n > 0$ が存在することを示すこともできます.

式 (4.13) における $P_t > \theta$ に対する漸化式

$$P_{t+1} = (1 + \gamma b)\Big(1 - \frac{\gamma b}{1 + \gamma b}P_t\Big)P_t$$

は,2.1 節で取り上げたロジスティック写像 (2.8) と数学的に同等です.そして,パラメータの条件 $0 < \gamma \leqq 1$,$0 < b \leqq 1$ により,$1 < 1 + \gamma b \leqq 2$ が成り立つので,ロジスティック写像の数学的性質により,任意の $\theta < P_{n+1} < 1$ に対して,P_t は $t(\geqq n + 1)$ の単調増加列であり,$t \to \infty$ において 1 に漸近収束します.$P_0 = \varphi_0 > \theta$ の場合についても同じ議論が適用できます.

図 4.4 が示すように,この離散時間モデル (4.13) による個体群ダイナミクスの結果,初期採択者頻度によらず,採択者頻度は時間とともに単調に増加し,1 に漸近収束することが導かれます.すなわち,初期採択者頻度によらず,いずれは,集団内のすべての成員が

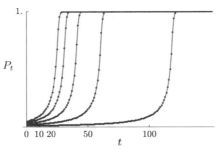

図 4.4 閾値 ξ の分布が一様分布 (4.11) の場合の数理モデル (4.13) による時系列 $\{P_t\}$ の数値計算.5 つの異なる初期採択者頻度の場合.$P_0 = \varphi_0 = 0.01,\ 0.02,\ 0.03,\ 0.04,\ 0.05;\ \gamma b = 0.8;\ \theta = 0.6.$

採択者となる状態に向かいます.

■**閾値の分布が正規分布の場合**　次に, 任意の閾値をもつ個人があ
り得る場合の採択者頻度の時間変動を与える数理モデルについて考
えます. つまり, 任意の実数 z に対して $f(z) > 0$ が成り立つ場合
です. したがって, 前出の一様分布の場合と異なり, 負の閾値や α
より大きな閾値をもつ個人も存在します.

ここでは, 閾値の分布が次の密度分布関数による正規分布で与え
られる場合を考えます (図 4.5).

$$f(\xi) := \frac{1}{\sigma\sqrt{2\pi}}\,\mathrm{e}^{-(\xi-\overline{\xi})^2/2\sigma^2} \tag{4.14}$$

$\overline{\xi}$ が集団における閾値の平均値, σ が標準偏差を表します. このと
き, $F(\alpha P_t)$ は次式となります.

$$F(\alpha P_t) = \int_{-\infty}^{\alpha P_t} f(\xi)\,d\xi = \frac{1}{\sqrt{\pi}} \int_{-\infty}^{(P_t - \overline{\xi}/\alpha)/(\sigma\sqrt{2}/\alpha)} \mathrm{e}^{-x^2}dx$$

実際の現象を統計学的に分析する場合, しばしば, 数学的に合理的
な近似による分布関数として正規分布が用いられます. それは, 中
心極限定理と呼ばれる数理統計学の定理に基づく実用的な近似で

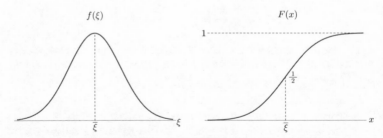

図 4.5　正規分布に従う閾値 ξ の密度分布関数 (4.14) とその分布関数 $F(x)$.

す[6]．正規分布は，任意の実数 z に対して $f(z) > 0$ が成り立つ分布の1つです．実際には負の閾値や $\theta\alpha$ より大きな閾値をもつ個人が存在しない場合であっても，ここで扱う数理モデルについては，近似として，正規分布を導入した数理モデリングによるものと考えることも可能です．

閾値の分布が一様分布の場合と異なり，数理モデル (4.10) では，図 4.6 に示されるように，初期採択者頻度 $P_0 = \varphi_0$ に依存して，時系列 $\{P_t\}$ の振る舞いに大きな違いが現れ得ます．採択者頻度は単調に増加するけれども，初期採択者頻度にある境界値があり，その境界値よりも小さな初期採択者頻度から始まる時間変動では，採択者頻度がある低い値に漸近するのに対して，その境界値よりもわずかでも大きな初期隊採択者頻度から始まる時間変動では，採択者頻度が大きく異なる値に漸近する振る舞いを示す場合があるのです．数理モデル (4.10) のこの特性は，4.1 節で述べた Granovetter

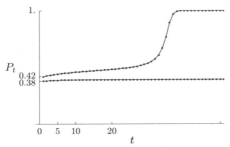

図 4.6 閾値 ξ の分布が正規分布 (4.14) の場合の数理モデル (4.10) による時系列 $\{P_t\}$ の数値計算．2 つの異なる初期採択者頻度の場合．$P_0 = \varphi_0 = 0.38,\ 0.42;\ \gamma b = 0.8;\ \overline{\xi}/\alpha = 0.6;\ \sigma/\alpha = 0.1.$

---

[6] 中心極限定理 (central limit theorem) については，高校数学の統計に関する単元でも触れられてはいますが，より詳しくは，統計学や数理統計学の教科書を参照してください．

(1978) の閾値モデルが示唆した結果にまさに対応します.

　この場合の数理モデル (4.10) の特性をもう少し詳しくみていきます. 図 4.7 には, 初期採択者頻度 $P_0 = \varphi_0$ に対して, 数理モデル (4.10) による時系列 $\{P_t\}$ の漸近する値 P^* がグラフの太線によって示されています. 時系列 $\{P_t\}$ の漸近する値 P^* が初期採択者頻度 $P_0 = \varphi_0$ に正の相関をもつことは直感的には考えられるかと思いますが, 面白いのは, 初期採択者頻度 $P_0 = \varphi_0$ がある境界値 φ_c 以下の場合と φ_c より大きい場合の漸近値 P^* に不連続なジャンプが起こり得ることです. ただし, 集団における閾値分布の平均値や標準偏差が十分に大きい場合に限っては, そのようなジャンプはなく, 漸近値 P^* は, 初期採択者頻度に対して, 連続な正の相関をもっています (図 4.7(a-4, b-4)).

　この結果から, 数理モデル (4.10) による採択者頻度の時系列 $\{P_t\}$ が漸近する採択者頻度 P^* は, 初期採択者頻度に強く依存し, 十分に大きな初期採択者頻度でない場合には, 採択者頻度は相対的に小さな値に漸近することがわかります. 特に, 集団における閾値の平均値や分散が小さい場合には, 初期採択者頻度にある境界値が存在し, その境界値を超える初期採択者頻度から始まる採択者頻度の時間変動には極端に大きな値に漸近する場合が現れ得ます.

　正規分布に従う閾値の平均値が小さい集団とは, 相対的に, 採択の意思決定を行いやすい個人が多い集団といえます. 閾値の分散が小さな集団とは, 閾値のばらつきが小さい, すなわち, 閾値の個人差が相対的に小さい集団です. 対照的に, 閾値の平均値が大きな集団では, 採択の意思決定に慎重な個人が多く, 閾値の分散が大きな集団では, 閾値に関する個人の多様性が強いといえます.

　さらに, この場合の数理モデル (4.10) の数理的解析による図 4.8 が示すように, 閾値分布で特徴づけられる集団を 2 つのクラスに分

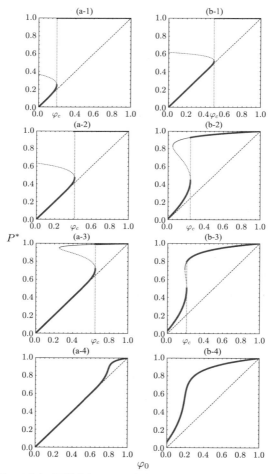

図 4.7 閾値 ξ の分布が正規分布 (4.14) で与えられた数理モデル (4.10) による時系列 $\{P_t\}$ の漸近値 P^* の $P_0 = \varphi_0$ への依存性. $P_0 = \varphi_0$ のそれぞれの値に対して, 時系列 $\{P_t\}$ は太線で示された値 P^* に漸近する. $\gamma b = 0.8$; $(\bar{\xi}/\alpha, \sigma/\alpha) =$ (a-1) $(0.4, 0.1)$; (a-2) $(0.6, 0.1)$; (a-3) $(0.8, 0.1)$; (a-4) $(0.9, 0.1)$; (b-1) $(0.6, 0.05)$; (b-2) $(0.6, 0.25)$; (b-3) $(0.6, 0.3)$; (b-4) $(0.6, 0.35)$.

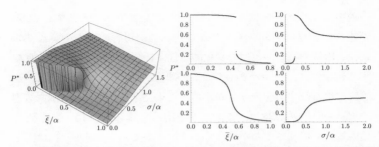

図 4.8　閾値 ξ の分布が正規分布（4.14）で与えられた数理モデル（4.10）による時系列 $\{P_t\}$ の漸近値 P^* の閾値平均値 $\bar{\xi}$, 標準偏差 σ への依存性についての数値計算結果. $\gamma b = 0.8$; $P(0) = \varphi_0 = 0.01$. 右 4 つのグラフは, $\sigma/\alpha = 0.3$（上）, 0.45（下）のときの $\bar{\xi}/\alpha$ 依存性と, $\bar{\xi}/\alpha = 0.4$（上）, 0.6（下）のときの σ/α 依存性を示す.

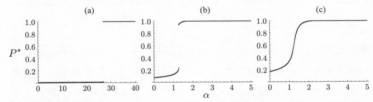

図 4.9　閾値 ξ の分布が正規分布（4.14）で与えられた数理モデル（4.10）による時系列 $\{P_t\}$ の漸近値 P^* の α への依存性についての数値計算. $\gamma b = 0.8$; $\bar{\xi} = 0.6$; (a) $\sigma = 0.1$; (b) $\sigma = 0.4$; (c) $\sigma = 0.6$.

類できる場合があります. 着目している事柄が集団に広く受け入れられるには, その事柄に対する閾値分布の平均値が十分に小さく, 分散が相応に大きくなければなりません. すなわち, 当該の事柄を受け入れやすく, 多様性が適当にある集団であれば, その事柄が広く受け入れられます. 一方, その事柄の受け入れについて慎重さが強い個人が主体となっている（閾値分布の平均値が相当に大きく, 分散も小さい）集団では, 事柄はほとんど受け入れられずに終わります.

　最後に，パラメータ α への依存性について考えてみます．4.2 節で述べたように，パラメータ α は，社会的影響の強さの意思決定に係る事柄の特性，集団の文化的特性，社会状況への依存性を反映する係数です．値が小さいほど，採択者の頻度が個人の採択の意思決定に及ぼす影響の強さが小さいといえます．図 4.9 が示す数理モデル (4.10) の特性は，このことを明示するものです．たとえば，技術革新の便利さがわかりにくいものである場合（α 小）には，その採用者が多少増えても，新たな採用者を誘引する効果が弱いと考えられるでしょう．対照的に，技術革新が大きな利便性を生み出すもの（α 大）であれば，採用者の増加がその利便性の周知に働くことにより，採用者頻度を大きく引き上げる効果があると考えられます．

■社会状況の変化の影響　意思決定に係る事柄に関する何らかの社会状況の変化が起こった場合には，集団における採択者頻度の時間変動に対する社会的影響の強さが変化すると考えることができます．たとえば，何らかの事件が広く報道されることにより，その事件に関連する事柄に対する人々の意識が高まり，事件を予防する行動が広まるといった例があるでしょう．本節で取り上げてきた数理モデリングでは，これをパラメータ α における時間的な変化として組み込むことが可能です．

　ただし，このモデリングを導入するためには，p. 147 からの「時点 t において採択をしていない者」に関する数理モデリングに大きな変更が必要になり得ます．実は，時点 t における α の値を α_t と表すとき，$\alpha_t P_t$ がすべての t について単調増加の場合には，漸化式 (4.9) における α を α_t に置き換えることで新しい数理モデルとなりますが，α_t がある t の範囲について減少する場合も考えるのであ

れば，数理モデリングの考え方を切り替える必要が生じます．これ
は，時点 t において $\alpha_t P_t$ を超える閾値をもつ個人の中に，意思決
定のルール (4.1) による採択者が含まれ得るからです．

　図 4.10 は，時点 $t = 50$ を境に α の値が大きくなる場合について，
閾値の分布が正規分布の数理モデル (4.10) による時系列 $\{P_t\}$ の数
値計算です．この数理モデルでは，α が $t < 50$ までの値の場合には
採択者頻度 P_t は低いレベルのままですが，意思決定に係る事柄に
ついて，何らかの事件により社会的意識が変化し，社会的影響の強
さが質的に引き上げられた場合を想定した数値計算と考えることが
できるでしょう．図 4.10 は，その社会的影響の強さの引き上げが
小さければ，採択者頻度への影響は相当に小さく，それが十分に大
きい場合には，採択者頻度に劇的な上昇が起こり，採択者頻度につ
いての相転移 (phase shift) が起こっていることを示しています．
これは，前出の図 4.9 で示された採択者頻度の時間変動ダイナミク

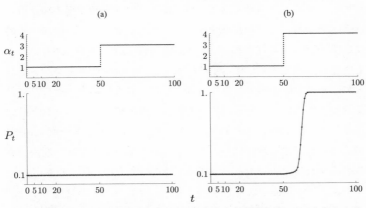

図 4.10　閾値 ξ の分布が正規分布 (4.14) で与えられた数理モデル (4.10) において，
パラメータ α の値がある時点で大きな値にシフトする場合の時系列 $\{P_t\}$ の数値計
算．$P_0 = \varphi_0 = 0.1$; $\gamma b = 0.8$; $\overline{\xi} = 0.6$; $\sigma = 0.1$; (a) $\alpha_t = 1.0\,(t \le 50)$, $3.0\,(t > 50)$;
(b) $\alpha_t = 1.0\,(t \le 50)$, $4.0\,(t > 50)$.

160

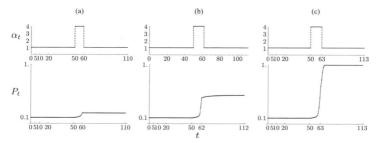

図 4.11 閾値 ξ の分布が正規分布 (4.14) で与えられた数理モデル (4.16) において，パラメータ α の値がある限られた期間のみ上昇する場合の時系列 $\{P_t\}$ の数値計算．$P_0 = \varphi_0 = 0.1$; $\gamma b = 0.8$; $\overline{\xi} = 0.6$; $\sigma = 0.1$. 次の期間では $\alpha_t = 4.0$, それ以外の期間では $\alpha_t = 1.0$. (a) $50 < t < 60$; (b) $50 < t < 62$; (c) $50 < t < 63$.

スの特性からも予期できる性質です．

　さらに，図 4.11 は，ある限られた期間のみ α の値が引き上がる場合の数理モデルに関する数値計算です．引き上がる値が同じであっても，引き上げられる期間の長さにより，採択者頻度の漸近値が大きく異なることがわかります．この数値計算は，α の値が一時的に引き上げられる期間の長さに境界値があることも示しています．たとえば，意思決定に係る事柄について，一時的なキャンペーンなどによる社会的影響の強さの引き上げが行われた場合，その高い効果を得るためには，ある境界値より長い期間のキャンペーンが必要であることが示唆されます．ただし，図 4.11(c) の結果を図 4.10(b) の結果と対比させればわかるように，ある境界値より長い期間でありさえすれば，キャンペーン期間の長さによる効果の差は小さく，キャンペーン期間を長くしすぎても，キャンペーンの対費用効果は低くなることも示唆されます．結果として，限られた期間のみのキャンペーンについては，かかる費用を勘案した場合に，最適な期間長があると考えられます．

　ところで，すでに述べた通り，図 4.11 に関する数理モデルは，数理モデル (4.9) における α を α_t に置き換えることでは得られません．合理的な数理モデルを導くためには，採択者や非採択者がもつ閾値の分布を考える必要があります．そこで，閾値についての採択者と非採択者の密度分布関数 $p_t(\xi)$ と $u_t(\xi)$ を導入します．このとき，$f(\xi) = u_t(\xi) + p_t(\xi)$ が任意の時点 t について成り立ち，時点 t における採択者頻度 P_t と非採択者頻度 U_t は，

$$U_t := \int_{-\infty}^{\infty} u_t(\xi)\,d\xi = 1 - \int_{-\infty}^{\infty} p_t(\xi)\,d\xi = 1 - P_t \qquad (4.15)$$

で与えられます．パラメータ α が時間変動する場合 (α_t) であっても，既述のモデリングの仮定から，意思決定のルール (4.1) により，一般的に，各 ξ に対して次式が成り立ちます．

$$u_{t+1}(\xi) = u_t(\xi) - \begin{cases} u_t(\xi) - \gamma B(P_t) u_t(\xi) & (\xi \leq \alpha_t P_t) \\ u_t(\xi) & (\xi > \alpha_t P_t) \end{cases} \qquad (4.16)$$

初期分布は，$u_0(\xi) = \{1 - \varphi_0(\xi)\} f(\xi)$ により定まります．密度分布関数 $u_t(\xi)$ が与えられれば，式 (4.15) により，P_t を定めることができますから，回帰的に，この式 (4.16) によって，$u_{t+1}(\xi)$ を導くことができます．

　この数理モデリングからわかるように，α が定数であった場合の数理モデル (4.10) のように，採択者頻度 P_t のみで閉じた漸化式によって採択者頻度の時間変動ダイナミクスを表現する数理モデルを導くことは困難であり，閾値についての採択者と非採択者の密度分布関数 $p_t(\xi)$ と $u_t(\xi)$ を用いた数理モデルの表現になります．図 4.11 で示した数値計算は，式 (4.16) を用いた（広義積分についての）近似計算によるものです．

■**グラノベッターの閾値モデル再考**　4.1 節で述べた通り，グラノ
ベッターの閾値モデルは，採択者頻度の時間変動を表す数理モデ
ルとはいえません．しかしながら，本節で述べた数理モデリングに
おいて $\gamma B(P_t) = 1$ としたものが，最もグラノベッターの閾値モデル
に近いものといえます．数理モデル (4.16) で $\gamma B(P_t) = 1$ とおけ
ば，単位時間ステップ内において，ルール (4.1) を満たす閾値をも
つ個人のすべてが採択者になるからです．

　再び α が定数の場合について考えてみると，数理モデル (4.9) は，
次のようになります．

$$P_{t+1} = F(\alpha P_t) + \int_{\alpha P_t}^{\infty} \varphi_0(\xi) f(\xi) \, d\xi \qquad (4.17)$$

右辺第 1 項が，時点 t においてルール (4.1) を満たす閾値をもつ者の
人数，第 2 項が，時点 t においてルール (4.1) を満たさないが，初
期採択者となっている者の人数を表しています．さらに $\varphi(\xi) = \varphi_0$
の場合には，

$$P_{t+1} = (1 - \varphi_0) F(\alpha P_t) + \varphi_0 \qquad (4.18)$$

となります．この漸化式 (4.18) による時系列 $\{P_t\}$ は，任意の分布
関数 F に対して，必然的に，$\varphi_0 < P^* \leqq 1$ なるある値 P^* に単調に
漸近することを数学的に示すことができます．

　いずれにせよ，単位時間ステップ内で，ルール (4.1) を満たす閾
値をもつ個人のすべてが採択者になるという仮定は，時間経過につ
いて合理的とは考えにくいのですが，上記の数理モデル (4.17) や
(4.18) は，グラノベッターの閾値モデルに最も近い採択者頻度の時
間変動を表す数理モデルといえるでしょう．そして，これらの数理
モデルについても，閾値の分布が一様分布や正規分布の場合の時系
列 $\{P_t\}$ には，これまで述べてきた性質をもつ時系列が現れます．

■採択者頻度変動の時間スケール　これまで，ある事柄を採択した者はその後ずっと採択者であり続ける場合（p. 141 仮定 6）の採択者頻度の時間変動ダイナミクスに関する数理モデリングと数理モデルについて考えてきました．これは，着目している事柄が，採択後，長期にわたって採用され続けるような性質のもの（たとえば，革新技術の普及や新しい生活様式の習慣化）についての採択者頻度の時間変動ダイナミクスに関する理論的な取り扱いの 1 つと考えることができます．あるいは，採用された事柄が破棄されるまでの時間スケールが新たな採用者が生まれてくる時間スケールよりも十分に長い場合における，採用者頻度の増加過程についての理論的扱いと考えることもできます．

　現実のすべての事柄は生生流転です．ある事柄が採用されたとしても，その事柄の採用が維持され続ける時間スケールは，事柄によるものの，いずれは新しい事柄に取って代わられたり，破棄される運命にあると考えるのが合理的でしょう．

　次節では，本節で述べた数理モデリングを応用して，ある事柄の一時的流行現象までも視野に入れた採択者頻度の時間変動ダイナミクスの数理モデリングについて考えてみます．

4.4 情報破棄の影響

本節では,前節で述べた数理モデリングに,採択者が採択した事柄を破棄する可能性を導入します[7].まず,p. 141 の仮定 6 を次の仮定 6' に変更します.

仮定 6' 採択者は,採択した事柄を破棄する意思決定を行い得る.

そして,p. 141 の仮定 3 に対応する次の仮定を追加します.

仮定 7 社会的影響の強さが(採択破棄に関する)閾値を超えている場合に限り,採択破棄の意思決定が行われ得る.

この仮定は,たとえば,ある事柄の流行が広がるにつれて,その事柄に飽きる個人が多くなっていくことを想定できるでしょう.

以下,各個人は,個性として,社会的影響の強さに対する採択の意思決定についての閾値 ξ_1 と採択した事柄の破棄の意思決定についての閾値 ξ_2 をもつと仮定します.意味からの合理的定義として,2 つの閾値 ξ_1 と ξ_2 は,$\xi_2 > \xi_1$ を満たすものとします.そして,採択の意思決定と採択した事柄の破棄の意思決定のルールを以下のように与えます.

$$\begin{cases} \xi_1 \leqq \alpha P & \Longrightarrow \text{非採択者が採択の意思決定を行い得る} \\ \xi_1 > \alpha P & \Longrightarrow \text{非採択者が意思決定を行わない,または} \\ & \qquad \text{不採択の意思決定を行う} \end{cases} \tag{4.19}$$

$$\begin{cases} \xi_2 \leqq \alpha P & \Longrightarrow \text{採択者が採択破棄の意思決定を行い得る} \\ \xi_2 > \alpha P & \Longrightarrow \text{採択者は採択状態を維持する} \end{cases} \tag{4.20}$$

---

[7] この節の数理モデリングには,大学理系初年度レベルの解析学の知識が必要ですが,基本的な考え方は,前節と同様です.

　これらの仮定の変更により，採択者頻度の時間変動においては，採択者頻度が減少する可能性もあります．このため，数理モデリングには，前節でも導入した閾値についての採択者と非採択者の密度分布関数 $p_t(\xi_1, \xi_2)$ と $u_t(\xi_1, \xi_2)$ が必要になります．

$$U_t := \int_{-\infty}^{\infty} \int_{-\infty}^{\infty} u_t(\xi_1, \xi_2)\, d\xi_2 d\xi_1;\; P_t := \int_{-\infty}^{\infty} \int_{-\infty}^{\infty} p_t(\xi_1, \xi_2)\, d\xi_2 d\xi_1$$

これらの設定から始めて数理モデリングを進めれば，多様な問題についての多彩な理論的研究が可能なのですが，数学的にぐっと面倒になることは予想に難くはないでしょう．本節では，以下，最も単純な設定での数理モデリングについて考え，その数理モデルの性質をみてみます．

■閾値の分布　考えている集団における2つの閾値 ξ_1 と ξ_2 が上限値 α で一様分布している場合を考えることにします．つまり，ξ_1 は区間 $(0, \alpha)$ に一様分布し，前出の条件 $\xi_2 > \xi_1$ により，各 ξ_1 をもつ個人については，閾値 ξ_2 が区間 (ξ_1, α) に一様分布する場合です．よって，2つの閾値の組 (ξ_1, ξ_2) の同時密度分布関数 $f(\xi_1, \xi_2)$ は，次のように与えられます．

$$f(\xi_1, \xi_2) = \begin{cases} 0 & (\xi_1 \leqq 0 \text{ または } \xi_2 \leqq 0) \\ \dfrac{2}{\alpha^2} & (0 < \xi_1 < \xi_2 < \alpha) \\ 0 & (\xi_1 \geqq \alpha \text{ または } \xi_2 \geqq \alpha) \end{cases} \quad (4.21)$$

この同時密度分布関数 $f(z_1, z_2)$ を用いれば，考えている集団において，x_1 以下の閾値 ξ_1 と x_2 以下の閾値 ξ_2 をもつ者の頻度 $F(x_1, x_2)$ は，次のように与えられます（$0 < x_1 < x_2 < \alpha$）．

$$F(x_1, x_2) = \int_0^{x_1} \int_{\xi_1}^{x_2} f(\xi_1, \xi_2)\, d\xi_2 d\xi_1 = \left(2\frac{x_2}{\alpha} - \frac{x_1}{\alpha} \right) \frac{x_1}{\alpha} \quad (4.22)$$

■新規採択と採択破棄の確率 前節と同様，時点 t において新規採択ルール (4.19) を満たす非採択者が採択の意思決定を行う確率を $\gamma_1 B(P_t)$，採択破棄ルール (4.20) を満たす閾値 ξ_2 をもつ採択者が，単位時間ステップ内において採択破棄の意思決定を行う確率を $\gamma_2 B(P_t)$ とおきます．機会が得られたときに意思決定が成される確率については，一般に異なり，γ_1 と γ_2 としますが，ここでは，意思決定の機会が得られる確率 $B(P_t)$ は共通におきます．前節で述べたように，確率 $B(P_t)$ は，着目している事柄にかかわりをもつ機会への遭遇の起こりやすさを反映したものであり，その機会は，採択破棄の意思決定の機会でもあると考えることにします．

■採択破棄後の再採択がない場合 まず，採択者が採択した事柄を一旦破棄すれば，その個人が再び採択することはない場合を考えましょう．これに対応する場合として，着目している事柄が一時的流行にしかならない場合が想定できます．

ここで，採択した事柄を破棄した者の密度分布関数を $c_t(\xi_1, \xi_2)$ で表せば，2 つの閾値の組 (ξ_1, ξ_2) の同時密度分布関数 $f(\xi_1, \xi_2)$ に対して，任意の t について $p_t(\xi_1, \xi_2) + u_t(\xi_1, \xi_2) + c_t(\xi_1, \xi_2) = f(\xi_1, \xi_2)$ が成り立ちます．

この場合，前出の数理モデル (4.16) と同様に，既述のモデリングの仮定から，意思決定のルール (4.19) と (4.20) により，各 (ξ_1, ξ_2) において次式が成り立ちます[8]．

$$u_{t+1} = \begin{cases} u_t - \gamma_1 B(P_t) u_t & (\xi_1 \leqq \alpha P_t) \\ u_t & (\xi_1 > \alpha P_t) \end{cases} \tag{4.23}$$

---

8) 以降，見た目の簡明さから，$u_t(\xi_1, \xi_2)$ 等における (ξ_1, ξ_2) を省略して u_t のように表します．$f(\xi_1, \xi_2)$ も f とのみ表している箇所があります．

$$p_{t+1} = \begin{cases} p_t - \gamma_2 B(P_t)p_t + \gamma_1 B(P_t)u_t & (\xi_2 \le \alpha P_t) \\ p_t + \gamma_1 B(P_t)u_t & (\xi_1 \le \alpha P_t < \xi_2) \quad (4.24) \\ p_t & (\xi_1 > \alpha P_t) \end{cases}$$

$$c_{t+1} = \begin{cases} c_t + \gamma_2 B(P_t)p_t & (\xi_2 \le \alpha P_t) \\ c_t & (\xi_2 > \alpha P_t) \end{cases} \quad (4.25)$$

再び，$B(P_t) = bP_t$ とし，初期条件として，閾値 (ξ_1, ξ_2) によらない一様な初期採択者分布 $(u_0, p_0, c_0) = \big((1-\varphi_0)f, \varphi_0 f, 0\big)$ を用いて，数理モデル (4.23-4.25) についての数値計算を行った結果が図 4.12 です．集団における採択者頻度 P_t が時間とともにある中

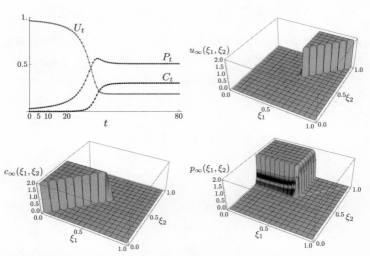

図 **4.12** 閾値 (ξ_1, ξ_2) の同時密度分布が一様分布 (4.21) で与えられた数理モデル (4.23-4.25) による時系列 $\{(u_t, p_t, c_t)\}$ の数値計算結果．$u_\infty(\xi_1, \xi_2)$, $p_\infty(\xi_1, \xi_2)$, $c_\infty(\xi_1, \xi_2)$ は，非採用者，採用者，採用破棄者，それぞれの密度分布関数の漸近分布．$\alpha = 1.0$; $P_0 = \varphi_0 = 0.03$; $(u_0(\xi_1, \xi_2), p_0(\xi_1, \xi_2), c_0(\xi_1, \xi_2)) = (1.94, 0.06, 0.0)$; $\gamma_1 b = 0.8$; $\gamma_2 b = 0.5$; $C_t = 1 - U_t - P_t$.

168

庸な値 P^{*} に漸近しています。そして,十分な時間経過後には,集団は,注目している事柄に対する状態についての3つのグループ,事柄の採用をしなかった者 (U^{*}),事柄の採用を続ける者 (P^{*}),事柄の採用を破棄した者 (C^{*}) にほぼ分かれることになります。数理モデリングの意味から,これらのグループは,ほぼ,それぞれ,閾値が $\xi_1 > \alpha P^{*}$, $\xi_1 \leqq \alpha P^{*} < \xi_2$, $\xi_2 \leqq \alpha P^{*}$ を満たす個人から成ることがわかるでしょう。図 4.12 に示した非採用者,採用者,採用破棄者それぞれの密度分布関数の漸近分布 $u_{\infty}(\xi_1, \xi_2)$, $p_{\infty}(\xi_1, \xi_2)$, $c_{\infty}(\xi_1, \xi_2)$ は,このことを明白に示す数値計算結果になっています。ただし,用いた一様な初期採択者分布により,$\alpha P^{*} < \xi_1$ を満たす個人の中にも初期からの採択者が残っており,平衡状態では,事柄の採用を続ける者となります[9]。

■採択破棄後の再採択がある場合 前節の場合とは異なり,採択した事柄を破棄した個人が再び採択の意思決定を行い得る場合について考えます。数理モデル (4.23-4.25) の簡単な拡張として,次の数理モデルを考えてみます。

$$
u_{t+1} = \begin{cases} u_t + \omega c_t - \gamma_1 B(P_t) u_t & (\xi_1 \leqq \alpha P_t) \\ u_t + \omega c_t & (\xi_1 > \alpha P_t) \end{cases} \tag{4.26}
$$

$$
p_{t+1} = \begin{cases} p_t - \gamma_2 B(P_t) p_t + \gamma_1 B(P_t) u_t & (\xi_2 \leqq \alpha P_t) \\ p_t + \gamma_1 B(P_t) u_t & (\xi_1 \leqq \alpha P_t < \xi_2) \\ p_t & (\xi_1 > \alpha P_t) \end{cases} \tag{4.27}
$$

$$
c_{t+1} = \begin{cases} c_t - \omega c_t + \gamma_2 B(P_t) p_t & (\xi_2 \leqq \alpha P_t) \\ c_t - \omega c_t & (\xi_2 > \alpha P_t) \end{cases} \tag{4.28}
$$

---

[9] 「ほぼ」の理由です。

採択者頻度の密度分布関数に関する式 (4.27) は，元の数理モデルの式 (4.24) と同一ですが，非採択者頻度と採択破棄者頻度の式に項 ωc_t を付加しました．この項は，非採択者の状態に戻る採択破棄者頻度を表しています．パラメータ ω $(0 \leqq \omega \leqq 1)$ は，単位時間ステップ内で，採択破棄者が非採択者と同じ状態に至る確率です．採択破棄者から非採択者の状態に戻った個人は，それまで経てきた状態の履歴によらず，個人を特徴づけている閾値に基づくルール (4.19) に従って，再び採択の意思決定を行い得るとします．なお，採択破棄者となってから非採択者の状態に戻るまでの期待時間（ステップ数）は，$1/\omega$ で与えられます．

　この数理モデル (4.26-4.28) の数値計算によって得られた結果を図 4.13 に示します．ω 以外のパラメータの値，初期条件は，図 4.12 のそれらと同一です．この数値計算は，$\omega = 1$ の場合を示しており，極端な設定になっていることに注意してください．$\omega = 1$ の場合には，時点 t における採択破棄者は，すべて，次の時点 $t+1$ には非採択者になります．もっとも，図 4.13 の数値計算に用いた ω 以外のパラメータの値，初期条件に対しては，$\omega < 1$ の場合についても定性的には同様の数値計算結果となりました．

　図 4.12 と図 4.13 を比較してみると，採択者等の頻度が平衡値に漸近する性質は同じにみえます．しかし，採択者等の頻度の漸近分布に大きな違いがみえることに注意しましょう．この数理モデルでは，採択破棄者が一定の確率で非採択者の状態に戻るので，採択破棄者が採択破棄の状態のままであり続けることはできません．よって，採択破棄者頻度 C_t がある値に漸近してはいますが，この採択破棄者に含まれる個人は，時間経過とともに入れ替わっています．すなわち，採択者等の頻度が平衡値に収束した状態でも，常に，「非採択者→採択者→採択破棄者→非採択者」という過程が繰

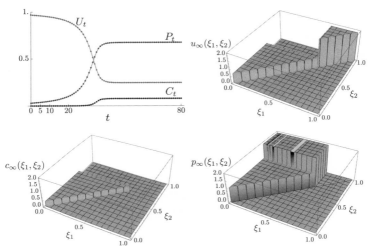

図 4.13 閾値 (ξ_1, ξ_2) の同時密度分布が一様分布 (4.21) で与えられた数理モデル (4.26-4.28) による時系列 $\{(u_t, p_t, c_t)\}$ の数値計算結果. $u_\infty(\xi_1, \xi_2)$, $p_\infty(\xi_1, \xi_2)$, $c_\infty(\xi_1, \xi_2)$ は, 非採用者, 採用者, 採用破棄者, それぞれの密度分布関数の漸近分布. $\alpha = 1.0$; $P_0 = \varphi_0 = 0.03$; $(u_0(\xi_1, \xi_2), p_0(\xi_1, \xi_2), c_0(\xi_1, \xi_2)) = (1.94, 0.06, 0.0)$; $\gamma_1 b = 0.8$; $\gamma_2 b = 0.5$; $\omega = 1.0$; $C_t = 1 - U_t - P_t$.

り返されています. 採択者等の頻度の平衡状態は, 個人の状態遷移による採択者等の頻度変化の間に釣り合いがとれた状態なのです.

このため, (初期状態として与えられた採択者を除いて考えると) 平衡状態 (U^*, P^*, C^*) では, 各時点における非採用者は, 注目している事柄を採択したことのない者 $(\xi_1 > \alpha P^*)$ と採択と破棄を繰り返している者 $(\xi_1 \leqq \alpha P^*$ かつ $\xi_2 \leqq \alpha P^*)$ から成り, 採択者は, その事柄を採択し続けているもの $(\xi_1 \leqq \alpha P^* < \xi_2)$ と採択と破棄を繰り返している者から成っています. このことは, 図 4.13 に示した非採用者, 採用者, 採用破棄者それぞれの密度分布関数の漸近分布 $u_\infty(\xi_1, \xi_2)$, $p_\infty(\xi_1, \xi_2)$, $c_\infty(\xi_1, \xi_2)$ が明示しています.

本章の初めに触れた通り，この章で取り上げた数理モデルと第3章で取り上げた感染症伝染ダイナミクスモデルとの近さを感じられた読者も少なくないのではないでしょうか．個人の状態遷移の構造についての対応で考えれば，4.3節で取り上げた数理モデルは SI モデル[10] に，4.4節で取り上げた2つの数理モデルはそれぞれ，SIR モデルと SIRS モデルに対応すると考えられます．

---

[10] 第3章では取り上げていませんが，感染症からの回復に必要な時間スケールが感染症伝染ダイナミクスの時間スケールより十分に大きい場合や，感染症からの回復が感染症伝染ダイナミクスに影響を与えるまでの期間に限定して考える場合は，感染者が感染状態のままであり続ける仮定も適用可能です．

文化因子の世代間伝達

　第3章，第4章では，集団の中の異なる個体間での感染症や情報の水平伝播のダイナミクスを考えてきましたが，本章では，感染症の垂直感染に類似の過程として，親世代から子世代への文化要素（性癖，考え方，習慣や主義・思想など）の垂直伝達ダイナミクスの基礎的な数理モデリングについて取り扱います．

　類する別の過程として，遺伝を思い浮かべる読者も少なくないのではないでしょうか．Charles Robert Darwin (1809-1882) による自然淘汰説や Gregor Johann Mendel (1822-1884) による遺伝法則に始まる遺伝の理論的扱いが，後に，集団遺伝学における遺伝過程の数理モデリングへと発展し，多くの後進の研究者らによって体系的な数学理論が築き上げられました．本章では，まず，遺伝子（ジーン；gene）の継承の数理モデリングの基礎について触れ，その後，その応用として，親世代から子世代への文化要素の垂直伝達ダイナミクスの数理モデリングについて考えます．

5.1　集団遺伝学の数理モデリング

　集団遺伝学とは，生物集団内における遺伝子の構成・頻度の変化
に関する遺伝学の一分野です．有性繁殖を行う 2 倍体生物の場合，
遺伝子はそれぞれの親に由来する 2 つの**対立遺伝子**から構成され
ます．遺伝子の構成のことを**遺伝子型**といい，たとえば，有性繁殖
を行う 2 倍体生物の場合の 2 種類の対立遺伝子 X，Y を考えると，
XX，XY，YY の 3 種類の遺伝子型が存在することになります．親
がいずれかの遺伝子型をもち，その子は父親と母親の遺伝子の組み
合わせから生まれる遺伝子型をもつことになります．そして，遺伝
子型に依存する遺伝子情報によって発現する形質である**表現型**が
決まります．表現型には，目の色，羽の長さなどの特定の部位の特
徴，繁殖能力や生存率に反映される生理的な特性などがあります．

　特定の集団におけるある対立遺伝子の**遺伝子頻度**とは，その対立
遺伝子の存在数をすべての対立遺伝子の総数で割ったものを意味し
ます．対立遺伝子が X と Y の 2 種類の場合には，対立遺伝子 X の
遺伝子頻度は，集団を成す全個体がもつ遺伝子 X の数を X と Y の
遺伝子の総数で割ったものということになります．

　　遺伝子頻度とは，とどのつまり，その対立遺伝子の「割合」という
　　ことなのですが，後述の内容でも明らかになるように，「割合」が問
　　題なのではなく，理論上，重要なのは，ある集団から任意に選んだ
　　個体がある遺伝子をもつ「確率」なのです．赤い玉と白い玉がそれ
　　ぞれある数ずつ入れられた袋から任意に 1 つの玉を取り出すときの
　　玉の色が赤である「確率」として，袋の中の赤い玉の「割合」を使
　　うことは，高校数学の教科書に何気なく載っています．「割合」を計
　　算するためには，全体の大きさ（玉の総数）が必要ですが，赤い玉
　　と白い玉がいくつずつ入っているかわからない袋だけれど，任意に
　　1 つの玉を取り出すときの玉の色が赤である「確率」が与えられてい
　　たときには，総数はわからなくても，袋の中の赤い玉の「割合」が

示されていることになります. 別の言い方をすれば, 任意に1つの
玉を取り出すときの玉の色が赤である「確率」を導くためには, 袋
の中の玉の数(全体の大きさ)がわからなくても,「割合」がわかっ
ていればよいのです. この場合の「割合」は, もっぱら,「頻度」と
呼ばれています. 以下で述べる遺伝子の継承過程では, 袋からの赤
い玉と白い玉の無作為な取り出しの過程に相当する考え方が重要な
役割を果たします.

今, 十分大きな集団で**任意交配**が行われる場合について考えま
す. 任意交配とは, **無作為交配**とも呼ばれ, 交配が集団中の雄個体
と雌個体の間で選り好みなく行われることを意味します. 現実で任
意交配が実現することはまず不可能ですが, ある生物集団内におけ
る遺伝子の構成・頻度の変化を理論的に扱うための理想化条件とし
て設定します. 以下では, 任意交配の仮定の下で, 親の世代, その
子の世代と引き続く, 世代間での遺伝子頻度の変化についての数理
モデリングに少し触れてみましょう.

■**ハーディ・ワインベルクの法則**   第 n 世代における対立遺伝子
X の遺伝子頻度を u_n とすると, 遺伝子 Y の遺伝子頻度は $1 - u_n$
で与えられます. さらに, 任意交配の下では, 次の第 $n + 1$ 世代
における遺伝子型 XX, XY, YY の出現頻度を, それぞれ, u_n^2,
$2u_n(1 - u_n)$, $(1 - u_n)^2$ と表すことができます. これは, 遺伝子型
について突然変異や自然選択がなく, 集団内外への個体の移動がな
い任意交配の下では, 遺伝子型の相対頻度が対立遺伝子の頻度の積
に等しくなるという集団遺伝学における重要な基礎理論の1つであ
り, **ハーディ・ワインベルクの法則**と呼ばれています.

たとえば, 遺伝子型 XY をもつ子が現れるためには, 親から X
と Y の遺伝子を受け継ぐ必要があります. 任意交配の下では, 一
方の親が遺伝子 X をもつ確率が u_n, 他方の親が遺伝子 Y をもつ確

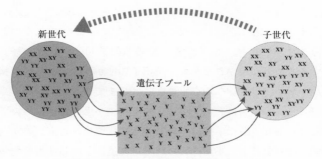

図5.1　任意交配による遺伝子継承のイメージ.

率が $1 - u_n$ で与えられます．任意交配ということは，親の組み合わせが任意ということですから，どちらの親がいずれの遺伝子をもつかについての 2 通りを勘案すれば，遺伝子型 XY の子が現れる確率は，$2u_n(1 - u_n)$ で与えられることになるというわけです．このことは，すなわち，子の世代における遺伝子型 XY をもつ個体の「頻度」が $2u_n(1 - u_n)$ となることを意味します．

■**ハーディ・ワインベルク平衡**　子の世代，つまり，第 $n + 1$ 世代の対立遺伝子 X の遺伝子頻度 u_{n+1} について考えてみます．前記の通り，X の遺伝子頻度とは，対立遺伝子 X の存在数をすべての対立遺伝子の総数で割ったものを意味します．今，仮に，子の世代の個体数が N_{n+1} であるとすると，それぞれの個体が X か Y の 2 つの遺伝子をもっているので，第 $n + 1$ 世代におけるすべての対立遺伝子の総数は，$2N_{n+1}$ です．一方，遺伝子型 XX，XY，YY をもつ個体の期待数は，それぞれ，$u_n^2 N_{n+1}$，$2u_n(1 - u_n)N_{n+1}$，$(1 - u_n)^2 N_{n+1}$ と表すことができます．そして，対立遺伝子 X の存在数については，遺伝子型 XX の個体は 2 つ，XY の個体は 1 つもっており，YY の個体はもっていないので，合計すれば，

$2 \times u_n^2 N_{n+1} + 1 \times 2u_n(1 - u_n)N_{n+1} + 0 \times (1 - u_n)^2 N_{n+1} = 2u_n N_{n+1}$ になります. よって, $u_{n+1} = 2u_n N_{n+1}/2N_{n+1} = u_n$ が成り立つこと になります. つまり, 対立遺伝子 X の遺伝子頻度が世代を経ても 不変であることが導かれました. 遺伝子頻度が不変であるこの状態 は, **ハーディ・ワインベルク平衡** と呼ばれます.

ただし, この結果は, ハーディ・ワインベルクの法則について上 で言及した通り, 遺伝子型について突然変異や自然選択, 集団内外 への個体の移動による集団内における対立遺伝子の頻度の変化がな い任意交配の下で考えたからであって, 突然変異, 自然選択, 個体 移動の影響がある場合には, 一般に成り立ちません.

■淘汰圧下における遺伝子頻度の世代間変動 ここで, 3つの遺伝 子型 XX, XY, YY が互いに異なる表現型を生じさせ, それぞれの 表現型への選択圧, あるいは, 淘汰圧が存在する場合について考え てみることにしましょう. それぞれの表現型への淘汰圧の影響は, 考えている集団が属する自然環境によって決まります. 以下では, 遺伝子頻度の世代間変動に対する淘汰圧の影響についての基礎的な 数理モデリングを考えます.

淘汰圧の影響が最も典型的に現れるのは, 表現型に依存して, 繁殖能力や生存率に差が出る場合です. ここでも, これら2つ の要素に着目しましょう. まず, 3つの遺伝子型 XX, XY, YY のそれぞれをもつ個体の生存率を, パラメータ σ_{XX}, σ_{XY}, σ_{YY} ($0 \leqq \sigma_{XX} \leqq 1$, $0 \leqq \sigma_{XY} \leqq 1$, $0 \leqq \sigma_{YY} \leqq 1$) によって与えます. さ らに, それぞれの遺伝子型の個体あたりに生産できる (精子や卵 子などの) 配偶子量 (の期待値) を, $2\rho_{XX}S$, $2\rho_{XY}S$, $2\rho_{YY}S$ ($0 \leqq \rho_{XX} \leqq 1$, $0 \leqq \rho_{XY} \leqq 1$, $0 \leqq \rho_{YY} \leqq 1$) で表します. 正のパラメー タ S は, 配偶子量を定義するための定数であり, 配偶子生産に関

する遺伝子型の違いによる差異が，パラメータ ρ_{XX}，ρ_{XY}，ρ_{YY} の比 $\rho_{XX} : \rho_{XY} : \rho_{YY}$ によって与えられています[1]．ここで，任意交配の仮定の下で考えていますから，配偶子の生産量が多いことは，高い繁殖能力を意味します．

さて，今，u_n を第 n 世代の親全体が生産した全配偶子における対立遺伝子 X の遺伝子頻度としましょう．すると，任意交配の仮定の下での前出の考え方を適用すれば，第 $n+1$ 世代の個体が誕生した時点での遺伝子型 XX，XY，YY の頻度は，u_n^2，$2u_n(1-u_n)$，$(1-u_n)^2$ で与えられますが，第 $n+1$ 世代の親全体における遺伝子型 XX，XY，YY の頻度の（期待値の）比は，それぞれの遺伝子型によって決まる生存率を勘案して，

$$\sigma_{XX}u_n^2 : 2\sigma_{XY}u_n(1-u_n) : \sigma_{YY}(1-u_n)^2$$

となります．つまり，前出の考え方と同様に，仮に，第 $n+1$ 世代が生まれた時点での個体数が N_{n+1} であるとすると，遺伝子型 XX，XY，YY をもつ親の期待数は，それぞれ，$\sigma_{XX}u_n^2 N_{n+1}$，$2\sigma_{XY}u_n(1-u_n)N_{n+1}$，$\sigma_{YY}(1-u_n)^2 N_{n+1}$ と表すことができます．そして，第 $n+1$ 世代の親全体が生産した全配偶子におけるすべての対立遺伝子の総数は，それぞれの遺伝子型の個体あたりに生産できる（精子や卵子などの）配偶子量 $\rho_{XX}\mathcal{S}$，$\rho_{XY}\mathcal{S}$，$\rho_{YY}\mathcal{S}$ も用いて，次式で与えられることになります．

$$2\rho_{XX}\mathcal{S} \times \sigma_{XX}u_n^2 N_{n+1} + 2\rho_{XY}\mathcal{S} \times 2\sigma_{XY}u_n(1-u_n)N_{n+1}$$
$$+ 2\rho_{YY}\mathcal{S} \times \sigma_{YY}(1-u_n)^2 N_{n+1} \tag{5.1}$$

---

[1] ρ の値は非負ならよく，1 以下である必要はありませんが，便宜上，相対比の表現として 1 以下の値としても一般性は失われません．

次に，全配偶子における対立遺伝子 X の存在数については，

$$2\rho_{XX}\mathcal{S} \times \sigma_{XX}u_n^2 N_{n+1} + \frac{1}{2} \times 2\rho_{XY}\mathcal{S} \times 2\sigma_{XY}u_n(1-u_n)N_{n+1}$$
$$+ 0 \times 2\rho_{YY}\mathcal{S} \times \sigma_{YY}(1-u_n)^2 N_{n+1} \quad (5.2)$$

になりますから，結果として，第 $n+1$ 世代の対立遺伝子 X の遺伝子頻度 u_{n+1} は，式 (5.2) を式 (5.1) で割れば，次式になります．

$$u_{n+1} = \frac{(w_{XX} - w_{XY})u_n^2 + w_{XY}u_n}{(w_{XX} - 2w_{XY} + w_{YY})u_n^2 + 2(w_{XY} - w_{YY})u_n + w_{YY}} \quad (5.3)$$

ここで，$w_{XX} = \sigma_{XX}\rho_{XX}$，$w_{XY} = \sigma_{XY}\rho_{XY}$，$w_{YY} = \sigma_{YY}\rho_{YY}$ と置き換えています．この漸化式 (5.3) が，今考えている淘汰圧下の遺伝子頻度の世代間変動のダイナミクスを表す数理モデルです．

パラメータ w_{XX}, w_{XY}, w_{YY} は，各遺伝子型，あるいは，それぞれに対応する表現型の**適応度**と呼ばれます[2]．一般的に，適応度は，繁殖個体あたりに（生涯）産生できる次世代の繁殖個体の期待数によって定義されます．任意交配の仮定の下での上記の数理モデリングでは，それぞれの遺伝子型について，繁殖個体あたりに生涯で生産できる配偶子量の期待値 $\sigma_{XX}\rho_{XX}\mathcal{S}$, $\sigma_{XY}\rho_{XY}\mathcal{S}$, $\sigma_{YY}\rho_{YY}\mathcal{S}$ が適応度に相当します[3]．よって，上記の数理モデリングによる w_{XX}, w_{XY}, w_{YY} は，遺伝子型による適応度の比，すなわち，**相対**

---

[2] 本節での以下の議論の基本的概念についてのより詳しい解説や集団遺伝学のより専門的な入門については，たとえば，日本生態学会（編）『生態学入門 第 2 版』東京化学同人 (2012) や酒井聡樹ほか『生き物の進化ゲーム——進化生態学最前線：生物の不思議を解く［大改訂版］』共立出版 (2012)，山内淳『進化生態学入門——数式で見る生物進化』共立出版 (2012)，ジョン・メイナード＝スミス『進化遺伝学』（巌佐庸・原田祐子（訳））産業図書 (1995) を参照してください．

[3] 繁殖可能な成熟個体となるまでに死亡すると産仔は不可能になるので，期待値の計算では，$\sigma \times \rho\mathcal{S} + (1-\sigma) \times 0$ となります．

適応度になります[4].

　より小さな適応度の遺伝子型をもつ個体は，成長時の生存率がより小さかったり，そもそもの出生率がより小さかったりすることによって，繁殖が可能な成熟個体における割合が他の遺伝子型をもつ個体より小さくなりますから，そのような遺伝子型は，自然によってより淘汰されやすいということを意味します．逆に，より大きな適応度の遺伝子型は，自然によってより選択されやすいということです．このことを，**自然選択的に有利**と称することがあります．つまり，より大きな適応度をもつ個体が，（属する）環境により適応していると解釈することができます．適応度による集団内における遺伝子型の存在頻度の変化についてのこの考え方が，本書で扱ってきた個体群ダイナミクスにつながっていることは，これまでの記述からも明らかです．ただし，以降の議論では，遺伝子（型）頻度の世代間変動のみを考えるため，集団の存続や絶滅については考えていません．つまり，集団を成す個体数の世代間変動ダイナミクスについては，考えていないことに注意してください．

　なお，$w_{XX} = w_{XY} = w_{YY}$ の場合が前出のハーディ・ワインベルク平衡にあたることは，この議論から明らかです．この場合には，遺伝子頻度は世代によらず（n によらず）変わりませんから，選択圧は存在しなかったという理解ができそうですが，逆に，選択圧が生存率の違いによって数理モデリングに導入されていることから考えると，遺伝子頻度が世代によらずに不変であるという結果が導かれることが合理的に理解できるのではないでしょうか．

---

[4] 相対適応度を扱うほとんどの場合，w_{XX}, w_{XY}, w_{YY} のいずれかを 1 におく比で考えることが多いのですが，ここでは，次節の数理モデリングの展開も考慮して，一般的においておきます．

180

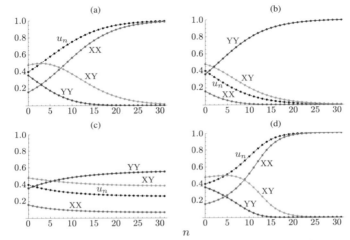

図 5.2　数理モデル (5.3) による対立遺伝子 X の遺伝子頻度 u_n，および，誕生時点での遺伝子型 XX，XY，YY の頻度の時系列．$u_0 = 0.4$; $(w_{XX}/w_{XY}, w_{YY}/w_{XY}) =$ (a) $(1.2, 0.9)$; (b) $(0.9, 1.2)$; (c) $(0.7, 0.9)$; (d) $(1.5, 1.2)$ についての数値計算．(c) の場合，$u^\dagger = 0.25$.

　さて，ここでも数学的な詳細[5]には触れませんが，数学的解析により，数理モデル (5.3) による遺伝子頻度世代間変動ダイナミクスは，以下の性質をもつことがわかります（図 5.2）.

- $w_{XX} \geqq w_{XY} \geqq w_{YY}$ かつ $w_{XX} \neq w_{YY}$ の場合，つまり，広義に，XX，XY，YY の順に自然選択的に有利である場合，$n \to \infty$ において，u_n は $u^* = 1$ に単調に漸近する．集団は遺伝子型 XX の個体のみの状態に単調に近づく．

- $w_{XX} \leqq w_{XY} \leqq w_{YY}$ かつ $w_{XX} \neq w_{YY}$ の場合，つまり，広義に，YY，XY，XX の順に自然選択的に有利である場合，

[5]　p. 38 脚注の参考文献参照.

$n \to \infty$ において，u_n は $u^* = 0$ に単調に漸近する．集団は遺伝子型 YY の個体のみの状態に単調に近づく．

- $w_{XX} < w_{XY} > w_{YY}$ の場合，つまり，XY が自然選択的に最も有利である場合，$n \to \infty$ において，u_n は

$$u^\dagger = \frac{w_{YY} - w_{XY}}{w_{XX} - 2w_{XY} + w_{YY}}$$

に単調に漸近する．集団は3つの遺伝子型が共存する状態に単調に近づく．

- $w_{XX} > w_{XY} < w_{YY}$ の場合，つまり，XY が自然選択的に最も不利である場合，$n \to \infty$ において，u_n は，$u_0 < u^\dagger$ ならば $u^* = 0$ に，$u_0 > u^\dagger$ ならば $u^* = 1$ に単調に漸近する．集団は遺伝子型 XX もしくは YY のいずれかの個体のみの状態に単調に近づく．

$w_{XX} < w_{XY} > w_{YY}$ の場合を除いて，世代経過とともに遺伝子型が XX もしくは YY のみの状態に漸近します．言い換えると，対立遺伝子による表現型が，同一の状態に漸近することになります．

　ただし，上記の最後の $w_{XX} > w_{XY} < w_{YY}$ の場合には，双安定な状況[6]にありますから，複数の集団を比較すると，世代経過とともに，遺伝子型 XX による表現型をもつ個体ばかりから成る集団と，遺伝子型 YY による表現型をもつ個体ばかりから成る集団に分かれる可能性があります．たとえば，地理的あるいは地形的な障壁によって隔てられ，相互の個体の混合が不可能な2つの集団では，世代経過を経て，ある対立遺伝子による表現型について，集団間で大きな違いが生じる場合があります．

---

[6] 2.2, 2.3 節参照.

5.2 教育意識の親子間伝達ダイナミクス

本節では，前節で取り上げた集団遺伝学における遺伝子頻度変動ダイナミクスの数理モデリングの考え方を応用して，文化因子の垂直伝達ダイナミクスの数理モデリングについて考えます．同様の数理モデリングの考え方は多彩に発展しており，社会学的な問題や，言語の進化など，文化の進化にかかわる様々なテーマの理論研究に現れます[7]．ここでは，その奥までは踏み込むことなく，本書で扱ってきた個体群ダイナミクスの単純な枠組みでの考え方に則った1つの数理モデリングを考えながら，さらに少しだけ広い世界を覗いてみましょう．

■**親の教育意識**　日本では，教育についての公的支出が OECD 諸国に比して低い水準にあり，子が受ける教育投資においては，家計の教育費負担が重要な問題となっています[8]．一方，少なからずの調査分析研究が，（結果が示す関連度の強さの評価についての論議はありますが）家族の所得レベルと子の学力水準との間に相関があることを指摘してきました．さらに，「両親の所得レベルが高いほど，その子は，塾，家庭教師，予備校などの学校外教育投資をより

---

7) 専門的ですが，関連する内容の以下の書籍が出版されています：田村光平『文化進化の数理』森北出版 (2020)，中丸麻由子『進化するシステム』ミネルヴァ書房 (2011)，Martin A. Nowak『進化のダイナミクス——生命の謎を解き明かす方程式』（竹内康博ほか（監訳））共立出版 (2008)．もちろん，文化因子の世代間継承は，社会学的な研究対象の1つです．たとえば，数土直紀『階層意識のダイナミクス——なぜ，それは現実からずれるのか』勁草書房 (2009) には，地位，学歴，職業，結婚に関する階層意識の継承についての理論的な議論が展開されています．

8) 文部科学省のウェブページから得られる「図表でみる教育 (Education at a Glance) OECD インディケータ」の情報を参照. https://www.mext.go.jp/b_menu/toukei/002/index01.htm

多く受ける傾向がある」「学校外教育投資をより多く受けた生徒は，学力水準もより高い傾向がある」といった因果関係について認める調査分析結果も少なからずあります．これらのことから，教育投資をより多く受けた子は，より高い学力を身につけることができ，その結果として所得レベルが高い親になる可能性が高いと考えられます．さらに，より多くの教育投資をするためには，所得レベルが高くなければならないことも事実でしょう．また，親の最終学歴が高いほど子の学力が高いという相関を示す結果を得た調査分析研究も少なくありません．

　これらの調査データに基づく分析研究は，総じて，親が子の学力，ひいては，学歴に及ぼす影響を検討したものになっているとみなすことができます．そして，この「親が子に及ぼす影響」の元になるのが，いわゆる**教育意識**と考えられます．教育意識には，高学歴志向，学校外教育投資志向，学歴社会観などの多面性がありますが，ここでは，上で触れた調査分析研究の示唆に基づいて，親の「高い教育意識」が子の教育環境（教育投資レベル，子が得る経験，子が育ってゆく生活環境・社会環境など）の質を高め，結果的に，子の学力水準を上げるという因果関係において理解しておきましょう．そして，以下では，その因果関係により，子が親になったときにもつ教育意識の高さが影響を受けると考えます．これが，本節で理論的に取り扱う教育意識の垂直伝達についての根本的な仮定です．

■伝達子　本節で取り扱う教育意識の垂直伝達の数理モデリングにおいて，前節の集団遺伝学の考え方を応用するために，世代間における教育意識の伝達について，**文化伝達子**（ミーム；meme）の概念を導入します．文化伝達子とは，習慣や技能，物語などといった

文化的情報そのものを表す概念で，人から人へコピーされるものとして定義されます．この文化伝達子の概念は遺伝子との類推で扱われ，文化伝達子が「進化」する仕組みを，遺伝子が進化する仕組みの類推に基づいて理論的議論に取り込むこともあります．定義から明白な通り，伝達子の伝達には，水平伝達と垂直伝達があります．また，伝達子のもつ文化的情報に依存した，それぞれに独特な特性もあります．

さて，前節の集団遺伝学の考え方を応用して，本節で取り扱う教育意識の特性を，2つの伝達子 A と a によって表す数理モデリングを考えましょう．高い教育意識をもつ親の特性を伝達子型 AA，中庸な教育意識をもつ親の特性を伝達子型 Aa，低い教育意識をもつ親の特性を伝達子型 aa とします．A は教育への高い関心の傾向に，a は教育への無関心（あるいは軽視や反発）傾向に対応する伝達子と考えることもできます．

■**伝達子の変異**　さらに，本節では，伝達子の「変異」を導入します．子は，生活環境，社会環境からの影響を受けながら成長しますから，成長して親になったときにもつ教育意識は，成長過程における経験に影響を受けると考えられます．そこで，親の教育意識に基づいて定まる教育環境下の経験と，子が親になるまでの成長過程で受ける様々な影響から，子が親になった際の教育意識が決まると考えます．この考えに基づく以下の仮定をおきます（図 5.3）．

- 親の教育意識に基づいて定まる教育環境下の経験により，子は親からの伝達子を受け取り，子が親になるまでの成長過程で受ける様々な影響により，その伝達子に変異が起こり得る．

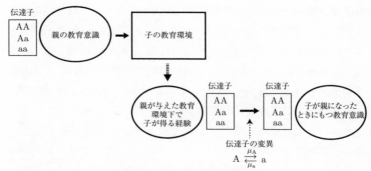

図 5.3 教育意識の伝達子による垂直伝達.

この変異の起こりやすさは，各世代における社会状況（教育に関する流行や傾向など）や経済状況にも依存すると考えられます．

遺伝子の突然変異は，遺伝子の複製時の確率的エラーや，放射線などによる外的要因による遺伝情報の損失・改変によって起こりますが，親から子に引き継がれた遺伝子によって出現・確定した子の表現型は，誕生後の子の遺伝子に突然変異が起こったとしても，その表現型を変えることはありません．遺伝子の突然変異によって，SFに現れるような変身まがいのことは起こりません．ただし，突然変異を起こした親の遺伝子が，その子に引き継がれる可能性はあります．つまり，ある世代における遺伝子の突然変異は，次の世代のもつ表現型に影響を及ぼし得るのです．

　一方，今考えている伝達子の変異の扱いには，重大な違いがあることに注意してください．上記の通り，子は，一旦，親から伝達子を受け継ぐと仮定しています．受け継ぐ伝達子は，親の伝達子によって決まりますが，その後の成長過程における子の経験によって変異が起こり得て，その変異が，その子が親になった際の教育意識を変えます．これは，遺伝子の変異による（起こり得ない）表現型の変化に対応しています．

■伝達子頻度の世代間変動ダイナミクス　前節で述べた集団遺伝学における基礎的な数理モデリングの考え方に沿って考えていきます．u_n を第 n 世代の親集団における伝達子 A の頻度とします．そして，第 $n+1$ 世代の子が，その親の教育意識に基づいて定まる教育環境下の経験により受け取る伝達子型 AA，Aa，aa の頻度を，u_n^2，$2u_n(1-u_n)$，$(1-u_n)^2$ で与えます．

次に，上記の仮定から，子が親になるまでの成長過程で受ける様々な影響により起こり得る伝達子の変異の数理モデリングへの導入を考えます．ここでは，最も単純に，伝達子 A が a に変異する確率を μ_A，伝達子 a が A に変異する確率を μ_a とおくことにします（$0 \leqq \mu_A < 1$，$0 \leqq \mu_a < 1$）．すると，子の世代が親になったときの伝達子 A の頻度，すなわち，第 $n+1$ 世代の親集団における伝達子 A の頻度 u_{n+1} は，

$$u_{n+1} = (1-\mu_A)u_n + \mu_a(1-u_n) \tag{5.4}$$

で与えられることになります．変異を起こさなかった伝達子 A の割合の期待値が $1-\mu_A$，変異を起こして伝達子 A に変わった伝達子 a の割合の期待値が μ_a で与えられるからです．変異が起こり得ない場合，すなわち，$\mu_A = \mu_a = 0$ の場合には，上式 (5.4) は，前節 p. 176 で述べたハーディ・ワインベルク平衡を表します．

世代系列 $\{u_n\}$ を定める漸化式 (5.4) は，線形であり，高校数学で学ぶ知識によって，次の一般項を導くことができます．

$$u_n = \left(u_0 - \frac{\mu_a}{\mu_A + \mu_a}\right)(1-\mu_A-\mu_a)^n + \frac{\mu_a}{\mu_A + \mu_a} \tag{5.5}$$

$\mu_A = \mu_a = 0$ の場合を除いて，明らかに $|1-\mu_A-\mu_a| < 1$ ですから，$n \to \infty$ に対して，

$$u_n \to u^* := \frac{1}{1 + \mu_{\mathrm{A}}/\mu_{\mathrm{a}}} \tag{5.6}$$

であり，親集団における伝達子 A の頻度は，世代を経るにつれ，1
より小さな正値 u^* に漸近します．このことは，すなわち，世代を
経るにつれ，親集団における教育意識がある分布に漸近することを
意味します．

5.3　教育意識分布の世代間変動

　伝達子型 AA，Aa，aa の頻度 $\phi_n(\mathrm{AA}) := u_n^2$，$\phi_n(\mathrm{Aa}) := 2u_n(1-u_n)$，$\phi_n(\mathrm{aa}) := (1-u_n)^2$ は，第 $n+1$ 世代の子が親の教育意識に
基づいて定まる教育環境下の経験により受け取る伝達子型の頻度な
ので，翻って，高い教育意識をもつ親による教育環境，中庸な教育
意識をもつ親による教育環境，低い教育意識をもつ親による教育環
境の相対頻度に対応します．それらは，調査分析研究に用いられる
（第 n 世代の親に対する）アンケート調査に反映されるでしょう．
さらには，この相対頻度分布が，第 n 世代における親の子に対する
教育意識の世相を表していると考えることもできます．

■**伝達子型頻度**　伝達子型 AA，Aa，aa の頻度 $\phi_n(\mathrm{AA})$，$\phi_n(\mathrm{Aa})$，
$\phi_n(\mathrm{aa})$ については，次の性質があることが容易にわかります．

- $u_n < \frac{1}{3}$ ならば，そのときに限り，$\phi_n(\mathrm{AA}) < \phi_n(\mathrm{Aa}) < \phi_n(\mathrm{aa})$ である．
- $u_n > \frac{2}{3}$ ならば，そのときに限り，$\phi_n(\mathrm{AA}) > \phi_n(\mathrm{Aa}) > \phi_n(\mathrm{aa})$ である．
- $\frac{1}{3} < u_n < \frac{2}{3}$ ならば，そのときに限り，$\phi_n(\mathrm{AA}) < \phi_n(\mathrm{Aa}) > \phi_n(\mathrm{aa})$ である．

188

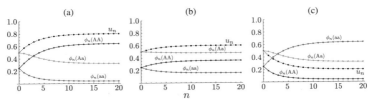

図 5.4　数理モデル (5.4) による伝達子 A の頻度 u_n，および，伝達子型 AA，Aa，aa の頻度 $\phi_n(\text{AA})$，$\phi_n(\text{Aa})$，$\phi_n(\text{aa})$ の時系列．$u_0 = 0.5$; $(\mu_\text{A}, \mu_\text{a}) =$ (a) $(0.05, 0.2)$; (b) $(0.1, 0.15)$; (c) $(0.2, 0.05)$ についての数値計算．$u^* =$ (a) 0.8; (b) 0.6; (c) 0.2.

　最初の場合は，世相でみた教育意識の低い状況，2番目の場合は，世相でみた教育意識の高い状況に対応しているといえます．このことから，$n \to \infty$ に対して，$u_n \to u^*$ であったことにより，次の結果を導くことができます．

- $\mu_\text{A}/\mu_\text{a} < \dfrac{1}{2}$ ならば，世代を経るにつれ，世相は教育意識の高い状況に向かう（図 5.4(a)）.
- $\dfrac{1}{2} < \mu_\text{A}/\mu_\text{a} < 2$ ならば，世代を経るにつれ，世相は教育意識の中庸な状況に向かう（図 5.4(b)）.
- $\mu_\text{A}/\mu_\text{a} > 2$ ならば，世代を経るにつれ，世相は教育意識の低い状況に向かう（図 5.4(c)）.

　特別な場合として，$\mu_\text{A} = \mu_\text{a}$ の場合は，上記の2番目の場合に含まれ，変異確率の値によらず $u^* = 0.5$ となり，伝達子型 AA，Aa，aa の頻度は，$0.25 : 0.5 : 0.25 = 1 : 2 : 1$ に漸近することになります（図 5.5）．互いに逆方向の変異に対する2つの確率 μ_A と μ_a の間に差がないこの場合は，教育意識の高揚あるいは喪失を引き起こすような偏った傾向を生む要素が存在しない社会状況を意味していると考えるならば，（結果としてであれ）世相における教育意識に偏りのない中庸な状況に向かうことも道理とみなせるでしょう．

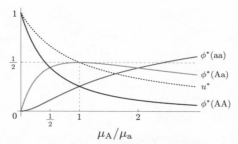

図 5.5　数理モデル (5.4) による伝達子型の平衡頻度の μ_A/μ_a-依存性.

■伝達子変異と社会・経済状況　前記の通り，変異確率 μ_A と μ_a は，子が親になるまでの成長過程で受ける様々な影響によって決まると仮定していますから，子の世代における社会・経済状況に依存します．よって，一般的には，互いに逆方向の変異に対する 2 つの確率 μ_A と μ_a の間には，一方がより大きくなれば，他方はより小さくなる傾向があると考えるのが自然でしょう．つまり，一般的には，これらの 2 つの確率 μ_A と μ_a は互いに独立ではなく，何らかの負の相関があると考えられます．

　たとえば，国が教育立国を掲げたキャンペーンを張った場合，教育意識が高まる方向への刺激となって，μ_a がより大きくなり，同時に，μ_A はより小さくなるでしょう．また，外国語を流暢に操るカリスマ性のある有名人の影響が外国語教育熱を高める場合も，同様の傾向が生まれるでしょう．一方，内乱や戦争，災害などにより社会・経済状況の疲弊が強まれば，教育意識も損なわれますから，μ_A はより大きくなり，μ_a がより小さくなるでしょう．

　本節で扱ってきた数理モデル (5.4) の数値計算を用いて，社会・経済状況の変化によって伝達子の変異確率 (μ_A, μ_a) がある世代の前後で変化した場合の伝達子 A の頻度 u_n，および，伝達子型 AA，

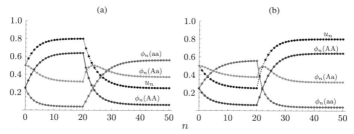

図 5.6　数理モデル (5.4) による伝達子 A の頻度 u_n, および, 伝達子型 AA, Aa, aa の頻度 $\phi_n(AA)$, $\phi_n(Aa)$, $\phi_n(aa)$ の時系列. 社会状況の変化により伝達子の変異確率 (μ_A, μ_a) が $n = 20$ の前後で変化した場合の数値計算. $u_0 = 0.5$; $(\mu_A, \mu_a) =$ **(a)** $(0.05, 0.2) \to (0.15, 0.05)$; **(b)** $(0.15, 0.05) \to (0.05, 0.2)$.

Aa, aa の頻度 $\phi_n(AA)$, $\phi_n(Aa)$, $\phi_n(aa)$ の時系列の例を図 5.6 に示しました. 図 5.6(a) では, $n < 20$ の場合は, 世相は教育意識の高い状況にありましたが, $n = 20$ 以後, 教育意識の低い状況に遷移しています. 図 5.6(b) は, 教育意識の低い世相に対して, $n = 20$ 以後の社会・経済状況の変化が教育意識高揚に働いた場合です. いずれの場合でも, 社会・経済状況に変化が生じた後, 世相における教育意識は中庸な過渡期を経て, 特徴的な状態に遷移しています.

　　数学的には, 数理モデル (5.4) による伝達子頻度の世代間変動に減衰振動が現れ得ます. それは, 式 (5.5) からわかるように, $1 - \mu_A - \mu_a < 0$ の場合です (図 5.7). しかしながら, この条件は, $\mu_A + \mu_a > 1$ を意味していますから, 少なくとも, 伝達子の変異確率 μ_A, μ_a のいずれかは 0.5 より相当に大きくなければなりません. 今考えている伝達子は, 親が子に与える教育環境で得られる経験を反映していますから, 半分を超えるほど多くの（少なくともいずれかの）伝達子が変異を起こすという状況は, 特異な状況といわざるを得ません.
　　一般的には伝達子の変異確率は, 相応に小さいと仮定するのが合理的と考えられます. その場合, 条件 $\mu_A + \mu_a > 1$ は満たされ得ないと考えるのが適当ですから, 伝達子型の頻度分布の平衡値への漸近は, 図 5.4, 5.6 が示すような単調なものと考えるのが適切でしょう.

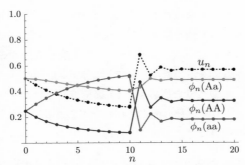

図 5.7　数理モデル (5.4) による伝達子 A の頻度 u_n，および，伝達子型 AA, Aa, aa の頻度 $\phi_n(\mathrm{AA})$，$\phi_n(\mathrm{Aa})$，$\phi_n(\mathrm{aa})$ の時系列．社会状況の変化により伝達子の変異確率 $(\mu_{\mathrm{A}}, \mu_{\mathrm{a}})$ が $n = 20$ 以後，条件 $\mu_{\mathrm{A}} + \mu_{\mathrm{a}} > 1$ を満たす値になった場合の数値計算．$u_0 = 0.5; (\mu_{\mathrm{A}}, \mu_{\mathrm{a}}) = (0.15, 0.05) \rightarrow (0.6, 0.8)$.

5.4　伝達子変異への世相の影響

すでに触れたように，伝達子の変異の起こりやすさは，社会状況（教育に関する流行や傾向など）や経済状況に依存すると考えられます．そこで，次の仮定を導入した数理モデリングを考えてみます．

- 世相における教育意識の高さによって，伝達子の変異の起こりやすさが決まる．

「世相における教育意識の高さ」とは，親の子に対する教育に関して流布される情報（進学や情操教育など）や，学校外教育投資の対象（塾や習い事先，学習参考書など）の多さがその具象化と考えられますが，これらの具象化を実現する元となっているのが社会における「親」の教育意識の高さであることは間違いありません．親の教育意識が「世相における教育意識の高さ（または，低さ）」に依

存して変異しやすくなるというのは，子の教育に関する情報が親の
教育意識に与える影響を勘案しています．たとえば，子の通う学校
の保護者間交流によって，ある親の教育意識が変化するという例
は，容易に想像できるのではないでしょうか．

　ここでは，そのような影響を，4.1 節で取り上げた集団内の各個
人の意識決定に与える社会的影響についてのグラノベッターのアイ
デアと類似の次の仮定によって，数理モデリングに導入します．

- 伝達子 A の頻度が大きいほど，伝達子 a が A に変異しやす
  く，伝達子 a の頻度が大きいほど，伝達子 A が a に変異し
  やすい．

前節までの数理モデリングにおける親集団の伝達子 A の頻度，す
なわち u_n が，「世相における教育意識の高さ」を表していると考え
ます．

　そこで，最も単純な次の数理モデリングによる伝達子の変異確率
を考えてみましょう．

$$\mu_A = \gamma_A(1-u_n)^{1/\theta}; \quad \mu_a = \gamma_a u_n^{1/\theta} \tag{5.7}$$

γ_A，γ_a，は，非負の定数パラメータで，$0 \leqq \gamma_A \leqq 1$，$0 \leqq \gamma_a \leqq 1$
を満たします．正の定数パラメータ θ は，2.1 節のベバートン・ホ
ルト型モデル (2.2) の数理モデリングで導入された θ と類似の特
性を変異確率に導入しています．θ が大きいほど，上で仮定した変
異のしやすさの伝達子頻度への感度が強くなります．つまり，θ が
大きいほど，伝達子の各頻度に対する変異確率がより大きくなり
ます．よって，θ の値は，「世相における教育意識の高さ（または，
低さ）」が伝達子をどのくらい変異させやすいかを表しており，た
とえば，親が「世相における教育意識の高さ（または，低さ）」を

意識する強さと解釈することもできます.

　なお, 有限の n に対しては, $0 < u_n < 1$ ですから, 極限 $\theta \to 0+$ は, $\mu_A \to 0$, $\mu_a \to 0$ を導くため, 伝達子変異がない場合, すなわち, ハーディ・ワインベルク平衡が成り立つ場合に対応します. また, 極限 $\theta \to \infty$ は, $\mu_A \to \gamma_A$, $\mu_a \to \gamma_a$ を導きますから, 前節まで考えてきた, 伝達子の変異確率が伝達子頻度に依存しない定数の場合に対応します. このことからもわかるように, パラメータ γ_A, γ_a は, 伝達子の変異確率の上限値を与えており, 「世相における教育意識の高さ（または, 低さ）」以外の社会・経済状況や文化的背景によって定まる教育意識の変異の起こりやすさを表していると考えることができます.

　伝達子頻度によって定まる変異確率 (5.7) による数理モデル (5.4) は, 次の特性をもちます.

- $\theta = 1$ の場合, $\gamma_A > \gamma_a$ ならば, u_n は単調に 0 に漸近し, $\gamma_A < \gamma_a$ ならば, u_n は単調に 1 に漸近する. また, $\gamma_A = \gamma_a$ ならば, 伝達子変異があっても, 伝達子頻度においては, ハーディ・ワインベルク平衡が成り立つ.

- $\theta > 1$ の場合, u_n は単調に次の値 u^* に漸近する.

$$u^* = \left\{ 1 + \left(\frac{\gamma_A}{\gamma_a} \right)^{\theta/(\theta-1)} \right\}^{-1} \tag{5.8}$$

- $\theta < 1$ の場合, $u_0 < u^*$ ならば, u_n は単調に 0 に漸近し, $u_0 > u^*$ ならば, u_n は単調に 1 に漸近する.

この結果を $n \to \infty$ における伝達子頻度 u_∞ の θ-依存性として分岐図に表したものが図 5.8 です.

　親が「世相における教育意識の高さ（または, 低さ）」を強く意

194

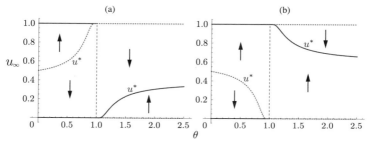

図 5.8　伝達子頻度によって定まる変異確率 (5.7) による数理モデル (5.4) における伝達子 A の頻度 u_n に関する分岐図．$(\gamma_{\mathrm{A}}, \gamma_{\mathrm{a}}) =$ (a) $(0.15, 0.10)$; (b) $(0.10, 0.15)$.

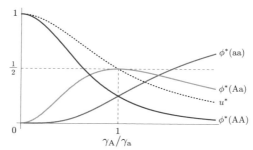

図 5.9　伝達子頻度によって定まる変異確率 (5.7) において $\theta > 1$ の場合の数理モデル (5.4) による伝達子型の平衡頻度の $\gamma_{\mathrm{A}}/\gamma_{\mathrm{a}}$-依存性．式 (5.8) を用いた $\theta = 2.0$ の場合の数値計算．

識する状況（$\theta > 1$）では，伝達子頻度はある中庸な値に漸近しますから，親の教育意識が画一的な極端に偏る集団にはならず，ある教育意識の分布が現れます．とはいえ，もちろん，その分布は，比 $\gamma_{\mathrm{A}}/\gamma_{\mathrm{a}}$ に強く依存します．図 5.9 が示すように，その分布は，比 $\gamma_{\mathrm{A}}/\gamma_{\mathrm{a}}$ が大きいほど教育意識の低い親が多い分布に，比 $\gamma_{\mathrm{A}}/\gamma_{\mathrm{a}}$ が小さいほど教育意識の高い親が多い分布になります．より詳細には，

次のことがわかります．$\theta > 1$ のとき，

- $(\gamma_A/\gamma_a)^{\theta/(\theta-1)} < \frac{1}{2}$ ならば，$\phi^*(AA) > \phi^*(Aa) > \phi^*(aa)$ であり，世相は教育意識の高い状況に向かう．
- $\frac{1}{2} < (\gamma_A/\gamma_a)^{\theta/(\theta-1)} < 2$ ならば，$\phi^*(AA) < \phi^*(Aa) > \phi^*(aa)$ であり，世相は教育意識の中庸な状況に向かう．
- $(\gamma_A/\gamma_a)^{\theta/(\theta-1)} > 2$ ならば，$\phi^*(AA) < \phi^*(Aa) < \phi^*(aa)$ であり，世相は教育意識の低い状況に向かう．

　一方，親が「世相における教育意識の高さ（または，低さ）」にあまり影響を受けず，伝達子の変異が起こりにくい状況（$\theta < 1$）では，親集団の教育意識は画一的な分布に漸近し，教育意識が高い親ばかり，あるいは，教育意識が低い親ばかりの状況に近づきます．これは，5.1 節でも現れた双安定な場合になります．たとえば，封建時代のように，世相によらず，伝統に従う教育意識が伝承される状況では，身分階級ごと，あるいは，共同体（村落など）ごとに画一的な教育意識の状況に向かう場合が想定できるかもしれません．

　これらの特性から，伝達子頻度によって定まる変異確率 (5.7) を導入した数理モデル (5.4) による伝達子頻度の世代変動ダイナミクスが導く，親の教育意識の漸近する状態のパラメータ依存性が図 5.10 のように得られます．親が「世相における教育意識の高さ（または，低さ）」をより強く意識すればするほど，親集団の教育意識の分布は，中庸な教育意識が目立つものになりやすくなるということが示唆されていると考えることができます．

196

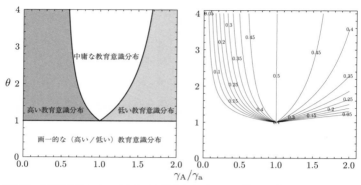

図 5.10　伝達子頻度によって定まる変異確率 (5.7) による数理モデル (5.4) における平
衡状態のパラメータ依存性．右図は，平衡状態における伝達子型 Aa の頻度 $\phi^*(\mathrm{Aa})$ の
等値線．

あとがき

　第1-3章では，数理生物学のほとんどの入門書で扱われている題材を取り上げました．もっとも，それらの入門書では，ことごとく微分方程式による連続時間の数理モデルについての記述であり，本書のように離散時間の数理モデルを主題とする記述は相当に稀です．そして，実際，数理モデルの数理的解析のための道具立てや数学理論の実用性については，歴史的にも，微分方程式に対して圧倒的な存在感があり，それが，おそらく9割を超える数理生物学の研究論文が微分方程式モデルによるものになっている現状の元にもなっているのでしょう．このため，数理モデルといえば，微分方程式による数理モデリングかのように思われたり，微分方程式による数理モデルの方がより合理的，あるいは，より上質かのように勘違いされているのではないかと思われる場合すらあります．もちろん，数理モデリングの合理性こそが，数理モデルによる理論研究においては本質的に重要ですから，本書で取り上げた離散時間モデルと微分方程式による連続時間モデルのいずれがより合理的であるかという議論は全く無意味です．考察の対象となる生物学的な問題に対してどのような「見方」に立ち，どのように合理的な数理モデリングを考えるかに依存して，離散時間あるいは連続時間のいずれか，もしくは，それらのハイブリッドとなった数理モデルが構築されることが科学的に真っ当です．

　微分方程式によって記述される数理モデルの意味，すなわち，その数理モデリングを理解しようとする際には，しばしば，微分の定

義に戻り，微小時間ステップにおける差分を用いて考えます．その場合，確率過程の考え方も必要になります．それは，その方程式が，数学的問題の対象となる方程式としてではなく，現象に対する数理モデルの表現としての微分方程式だからです．そのような考え方は，まさに，本書で展開してきた道筋の論理に他なりません．そして，本書で取り上げたような離散時間モデルから微分方程式による連続時間モデルへ展開する道筋も，もちろん可能です．それには，合理性のある数学的段階を踏むことが必要であり，その道筋で数理モデリングの意味がどのように変化するかについての理解が重要です．本書の内容に連なる数理科学の面白い題材です．

　本書第1，2章は，東北大学大学院情報科学研究科における講義 Topics in Mathematics に，第4章は，同大学院で指導した Emmanuel J. Dansu さんや内桶怜奈さんとのセミナーに，第5章は，広島大学理学部数学科で指導した井上美香さんの卒業研究に元を発する内容になっています．本書の執筆にあたって，それらの学生らとの経験はもちろん，これまで指導してきたすべての学生との経験が貴重な糧となりました．

　最後に，期待していただいた内容には及ばなかったかもしれませんが，本書の執筆に誘ってくださった巌佐庸さんには，何よりもまずお礼を申し上げます．実際，我ながら，自分自身が当初期待していた原稿とはかなり様子が違う仕上がりになってしまったと感じています．とはいえ，心置きなく筆を進めることができたのは，スケジュールの遅れも寛容に受け止めてくださった共立出版の山内千尋さんのおかげです．心から感謝いたします．

生物の人口変動を数学モデルで理解する

コーディネーター　巌佐　庸

　本書は，生物の人口動態を題材に，数理モデルを作り，それを調べることの面白さを伝えようとする本である．差分方程式という数学を教えるものだが，現実の生物のダイナミクスを題材にして，数学のもたらす意味について具体的イメージを保ちながら丁寧に説明がなされている．

　第1章は，1種類の生物の人口動態の説明である．親から子供が生まれるという簡単なルールが，子供にも当てはめられて孫の世代ができ，その後の世代ができる．このように同じルールを繰り返し当てはめることで人口が増大していく．本書のタイトルにもある「ねずみ算」である．

　しかし人口が増えていくと，同じ勢いで人口が増えることはむつかしくなる．というのも，混み合いによって餌が不足したり，病原体がはびこったりして，1人当たりの生存や出産の率が低下するからだ．そのとき集団全体の人口増加はどうなるのだろうか．競争者や捕食者など，違う生物種が現れた場合にも，個体の状況は変わるだろう．第2章は，このように各個体の周りの環境が変化する場合の人口増加が数理的にどのように扱えるかを議論する．

　別の種であっても，同じ餌を食べたり，光を奪い合ったりする「競争者」がいると，増殖が悪くなる．その結果，少ない資源でも生きながらえる種が他方を押しのけて排除する場合もあれば，うまく安定に共存できる場合もある．

捕食者についていうと，餌となる動物（被食者）が多いとしばらくして捕食者が増加してくるが，捕食者が多くなりすぎると，それらに食われて餌が減少していく．するとその結果，捕食者も少し遅れて減少する．捕食者が十分に減ると，餌が回復してきて，捕食者がまた増える．これが繰り返されて，大きな変動がいつまでも続くこともある．

第3章は感染症のダイナミクスである．新型コロナウイルス感染症の世界的流行は日本にも押し寄せ，私たちの生活を一変させた．集団免疫だの基本再生産数だのと，テレビや新聞で感染症動態モデルの専門用語が詳しく解説されるのを聞いて，とまどった人も多かっただろう．今回の新型コロナウイルス感染症は，生物の人口動態の数理的研究が社会で役立つことを，多くの人が身に染みて感じる機会だったのかもしれない．

第4章は，情報の広がりについての数理モデルである．実はこれは，感染症が広がるのとかなり似た数理で記述できる．

習慣や風習，言語，知識などが広がったり消滅したりするプロセスは，生物の進化において遺伝子の広がりを表す集団遺伝学のモデルとそっくりな形をしている．そのため「文化進化」といわれる．第5章は，生物進化や文化進化を表す数理モデルについての話だ．

著者の瀬野裕美さんは，流れるような文章で，これらをゆったりと説明していく．名調子のおかげで，読者はどんどんと読み進むことができる．

本書で数学として現れるのは差分方程式だが，それは微分方程式や偏微分方程式などとともに，今の時点で何人がいるかを知ることで，将来に何人になるかを予測するもので，力学系といわれる．

現在から将来を予測するというのは，現実の世界で役立つ数理モデルの多くに共通している．たとえば，天気予報に用いられる数理

モデルはナビエ・ストークス方程式と呼ばれる．今日のある時刻における風の方向や温度，湿度，雲の量などのデータを入力すると，たとえば3日後の風向きや温度，雨雲などが計算でき予測できる．モデルは，単に人口が何人というよりはるかに複雑で，各地点での風向きや温度といった多量のデータを入力する必要がある．しかし，本日の状態から将来の状態を予測するという意味では，同じように力学系なのだ．

　生物学の中では，人口動態に関する研究は生態学（ecology）に属する．生態学は個体よりも上のレベル，集団や，多数の種を含む群集，生態系などを扱う生物学である．本書で説明されるような数理モデルをもとに，確率的変動も考慮に入れると，野外の生物が変動して滅ぶまでにどの程度の時間がかかるかがわかる．生息地が狭くなったり化学物質にさらされたりすることで絶滅までの平均時間がどれだけ短くなるかを考え，それをもとに環境中の化学物質のリスクを知る試みもある（加茂将史著『生態学と化学物質とリスク評価（共立スマートセレクション 18）』）．

　生物学の法則を，比較的単純な数理モデルとして表し，数学やコンピュータシミュレーションによって調べることで生物を理解する分野は「数理生物学」と呼ばれる．生物学の中で数理モデルが活躍しているのは生態学には限らない．

　進化の基本は，突然変異により新規遺伝子が現れ，広がって元のものと置き換わるという過程が繰り返し生じることだが，それは集団遺伝学という分野において，確率過程に基づいた取り扱いがなされる．また，ゲノムの DNA 塩基配列を比較的簡単に決めることができるようになり，異なる種のゲノムを比較し調べることによって，それらの系統関係や，遺伝子の機能など様々な情報を知ることができる．その基本にも様々な数学モデルが使われている．他方

で，発生とともに生物の形が作られてくるプロセス，私たちの体に侵入してきた病原体と戦うための免疫系のはたらき，神経細胞（ニューロン）が非常に多数つながった神経系や脳の仕組みなど，体の中の生物学にも様々な数学が役立っている．さらには遺伝子の発現や制御の理解，タンパク質のネットワーク解析にも，微分方程式や似た数学の概念が役立つ（久保田浩行著『生物をシステムとして理解する——細胞はラジオと同じ？（共立スマートセレクション27)』).

本書で詳しく説明される人口変動を考えるための数学は，このような体の中の生命現象に対する数理モデルの理解にも必要になる基本的なものである．

本書で生物に関する数理が展開されることに意外性を感じる読者がいるかもしれない．高校の生物の教科書をみると，多量の用語と測定プロセスが説明されていて，それらを習得しないと生物の理解には至らないとされている．つまり高校教育では，生物が「暗記もの」と考えられている．

物理学の基本法則を表すのに，微分方程式や変分法，確率過程，カオス結合系など，様々な数学が使われる．そして力学，電磁気学，熱力学，量子力学，相対論をはじめとする比較的少数の法則体系を組み合わせる形で，現実にみられる多様で複雑な現象が理解される．

経済学にも，その基本理論としてゲーム理論と呼ばれる数学が確立している．複数のプレイヤーが自らにとって望ましい状態を実現しようとして戦略を選ぶ結果，どのような状態が実現するかを考えるのである（たとえば，中丸麻由子著『社会の仕組みを信用から理解する——協力進化の数理（共立スマートセレクション33)』を参照).

　物理学でも，たとえば地震だとか火山の噴火といった現実の物理現象を考えると，対象はあまりにも複雑で，必ずしもすべてが正確に予想できるわけではない．経済現象も現実は複雑だ．しかし数理的な法則をもとに，それらを組み合わせて複雑な現実を理解しようとする努力のおかげで，現在の物理学や経済学，それらの関連分野が発展してきた．

　おそらく，生物学も同じようになるだろう．最終的には，比較的少数の理論的枠組みが役立つことがわかり，それらの組み合わせで複雑な現実を理解するようになるだろう．講義では，それらの基本法則を教えるようになる．生物学にある多数の用語は，基本概念と取り扱いだけを教えるようになり，詳しくは辞書やデータベースをみれば，というふうになるかもしれない．たとえそうなったとしても，生物や医学，農学のことがすべて理解され，予想され，制御できるようになるとはとても思えない．美しい物理法則が確立しているにもかかわらず地震がなかなか予測できないのと同じく，生命現象でも現実は非常に複雑だからだ．

　著者の瀬野裕美さんは，京都大学で学部と大学院を修了した後，日本医科大学をはじめとし，奈良女子大学や広島大学などで教鞭をとられた．現在は東北大学大学院情報科学研究科で教えておられ，これまでに数理生物学の教科書や参考書を何冊も執筆してこられた．

　私自身も生物の数理的研究をしてきた．数理モデルとして法則を捉えて，それがどこまで現実を説明できるかを考えていると，最初には思ってもみなかった結論に導かれたり，まったく異なると思っていたものに深い関係があることが見つかったりというふうに，数学に導かれて生物や生命現象がよくわかったと思えることも多い．しかし数学は，生物学の理解を深めるための手段であって，知りた

いことは生物のやっていることだと私は考えてきた.

他方で，生物学の世界で提案されたモデルを題材に，美しい数学を発展させたいという研究者も多数いる.

瀬野さんが目指されているのは，生物の理論研究と生物を材料にした数学研究とのいずれでもなく，両者の境目あたりなのかもしれない．生命現象をみて思い当たった「見方」を数理モデルとして表現したときに，その現象と論理的に合っていて，多くのことに説明がつき理解が進むこと，ときに生物学以外の分野にも似た構造を見出せること，それ自体について興味をおもちのようだ.

これだけの章立てで展開されている本で，すべて離散時間のモデルだけで押し通すというのも，瀬野さんが数学を大事にしておられる証拠だろう．もし私が書いたならば，差分方程式から説明を始めても，常微分方程式，齢構成力学，偏微分方程式，確率を入れた確立微分方程式，などに基づく数理モデルを次々と紹介してしまう気がする．生物学として表したい側面が伝えられれば，表す手段は何でも良いと考えているからだろう．しかしそれでは，それぞれの数学モデルを丁寧には扱えない.

それに対して瀬野さんの本は，差分方程式に基づく数理モデルのそれぞれを「味わう」ことに，その狙いがあるといえよう.

実は，数学と生物学との間の関係について，瀬野さんはどういう姿勢で研究をしておられるかを聞いてみようと思って2つほど質問をしてみた．1つは，「数学から生物学の間で，数学の解析学–応用数学–生物数学–数理生物学–生物学理論，というスペクトルがあるが，瀬野さん自身が目指しておられるのは，どれにあたるのでしょうか」というもの，もう1つは「生物の研究に役立つ数学というのと，非生物の研究（物理学や化学）に役立つ数学に違いがありますか」というもので それぞれ簡単なものだった.

　この質問に，8ページにもわたる長く詳しい返事をいただいた．ここに紹介してもあまりに多量になるので，私が解釈した瀬野さんの考えを上述のように記すだけに留めたい．ただこのエピソードは，瀬野さんが生物と数学の関係，そして数理モデルの役割についてずっと丁寧に考えてこられたことを示し，また瀬野さんの研究者としての誠実さを示すものといえるだろう．

　生物の人口動態に関する基本的な数理モデルで，生態学の教科書に必ず出てくるものにロトカ・ヴォルテラ方程式がある．このヴォルテラというのは，イタリア人の数学者で，積分方程式論で有名な解析学の大家であった．魚の漁獲量に周期的に思えるような大きな変動があるという話を聞いて，捕食者と被食者の関係が振動をもたらす傾向があることを見抜いた．そして，捕食者の大きな魚とそれに食われる小さな魚の数を2つの変数として，それらが満たす微分方程式を作った．その解析に保存量の存在を見つけるなど，数学的に調べられることはほぼすべてを済ませている．

　だからイタリアは，数理生物学の発祥の地の1つである．

　瀬野さんは，大学院生の頃イタリアのナポリ大学を訪ね，数年間を過ごした．そのためもあり，ヨーロッパ諸国での研究者に友人が多い．瀬野さんが学んだのは，ナポリ大学で教鞭をとっておられたLuigi M. Riccardi 先生という体の大きな数学者だった．ナポリの近郊で何度か数理生物の国際会議を主催された．ナポリの街は，高低差があり，町の中にケーブルカーが高台と下町をつないでいて，海に「卵城」という要塞がみえる．近くにあるヴェスヴィオ山という火山が噴火してポンペイの街が埋もれたというのはローマ時代のこと．ごちゃごちゃした通りにも長い歴史を感じる．ナポリの下町を歩いていると，白いジャケットを羽織ってパナマ帽をかぶった若い頃の瀬野さんにふと出会いそうな錯覚をもってしまう．

　学術の世界では，歴史があるのは素晴らしいことだ．それは，数十年，ときに数百年も前の，会ったこともない先達へのあこがれがもとになって研究が進む面があるからだ．

　研究というのは，どうなるかわからない中を何ヶ月も，ときに何年も努力を積み重ねる必要がある．予想通りに進まず将来が不安になることも多い．古い大学街には，先輩が重要な仕事を成し遂げたという話が，いわば伝説として残り，今の世代の研究者や学生を励ましてくれる．イギリスのケンブリッジでは，あそこでワトソンとクリックがDNAの2重らせん構造を思いついた，アメリカのプリンストンでは，こうやってナッシュが非協力均衡の証明を成し遂げた，などという言い伝えを聴きながら学生たちは学ぶ．

　最先端の研究はすべて他所でなされ，それが持ち込まれるものだという雰囲気ではなく，自分たちも，懸命に考えて進めれば，オリジナルな大きな仕事が残せるのではないかという気がしてくる．その意味では，数理生物学を学ぶのに瀬野さんがイタリアで過ごされたことはとても大事なことだったのではないか．

　研究者になることの1つのメリットには，どの国に行って過ごそうと，仕事として許されるという自由がある．国際会議などで様々な国の人々と交流できるだけでなく，瀬野さんのように数年間を過ごすこともできる．

　若い読者には，いろいろな国の違い，人々と交流してときに共同研究を進めること，この楽しさを知ってほしい．

索　引

【人名】

Allee, Warder Clyde　　54
Bailey, Victor Albert　　81
Bernoulli, Daniel　　8
Beverton, Raymond（Ray）John
　　Heaphy　　37
Darwin, Charles Robert　　29,172
Fibonacci, Leonardo　　8
Granovetter, Mark　　138
Holt, Sidney J.　　37
May, Robert　　49,51
Mendel, Gregor Johann　　172
Nicholson, Alexander John　　81
Sir Fisher, Ronald Aylmer　　29
吉田光由　　1

【欧字】

HeLa 細胞　　15
Naimark-Sacker 分岐　　85
Neimark-Sacker 分岐　　85
Sacker-Neimark 分岐　　85
secondary Hopf 分岐　　85
SIRS モデル　　130
SIR モデル　　120
SIS モデル　　127
SI モデル　　171
torus 分岐　　85

【あ】

アリー効果（Allee effect）　　54
一回繁殖型　　19,33,76
遺伝子型（genotype）　　173
遺伝子頻度（gene frequency）　　173
黄金比（golden ratio）　　8
雄再生産率　　25

【か】

カオス変動（chaotic variation）　　43,
　　45,51,72
過疎（undercrowding）　　54
過密（overcrowding）　　54
環境許容（収容）量（力）（carrying
　　capacity）　　40,51
干渉型競争（interference competition）
　　66
間接的競争（indirect competition）
　　66
感染症定着状態（風土病化；endemic
　　state）　　122,128,131
感染症不在状態（disease-free state）
　　122,128,131
感染齢（epidemic age）　　115
幾何級数的な成長（geometric growth,
　　geometrical growth）　　3,82
幾何級数分布（geometrical
　　distribution）　　115
寄主（host）　　75

memo

memo

著 者

瀬野　裕美（せの　ひろみ）

1989 年　京都大学大学院理学研究科博士後期課程 研究指導認定 同日退学

現　　在　東北大学大学院情報科学研究科 教授，理学博士

専　　門　数理生物学

コーディネーター

巌佐　庸（いわさ　よう）

1980 年　京都大学大学院理学研究科博士課程修了

現　　在　九州大学名誉教授，理学博士

専　　門　数理生物学

共立スマートセレクション 35
Kyoritsu Smart Selection 35
ねずみ算からはじめる数理モデリング
—漸化式でみる生物個体群ダイナミクス—

*Mathematical Modelling Beginning
with the Geometrical Progression:
Biological Population Dynamics
by Recurrence Relation*

2021 年 7 月 15 日　初版 1 刷発行

検印廃止
NDC 461.9

ISBN 978-4-320-00935-6

著　者　瀬野裕美　　© 2021

コーディ
ネーター　巌佐　庸

発行者　南條光章

発行所　**共立出版株式会社**

郵便番号　112-0006
東京都文京区小日向 4-6-19
電話　03-3947-2511 （代表）
振替口座　00110-2-57035
www.kyoritsu-pub.co.jp

印　刷　大日本法令印刷
製　本　加藤製本

一般社団法人
自然科学書協会
会員

Printed in Japan

見つかる（未来），深まる（知識），広がる（世界）

共立 スマート セレクション

［生物学・生物科学／生活科学／環境科学 編］

＊以下続刊＊

【各巻：B6判・並製・税込価格】
（価格は変更される場合がございます）

www.kyoritsu-pub.co.jp

共立出版

https://www.facebook.com/kyoritsu.pub